あしたの地震学

日本地震学の歴史から「抗震力」へ

神沼克伊
Katsutada Kaminuma

青土社

あしたの地震学　目次

第3章 地震予知への期待

あしたの地震学　日本地震学の歴史から「抗震力」へ

はじめに

日本列島では地球上で起こる地震の一〇%が起きている。地震研究者たちからはこれまで何回も日本列島及び周辺での「大地震発生説」が発表され、世間の物議を醸している。しかし、第二次世界大戦後、七十数年間、彼らが予測した地震は一度も起きていない。「地震は必ず起こる」でも現実には指摘された地震は「起きていない」。

記憶されている読者が多いかもしれないが、一九九五年兵庫県南部地震(阪神・淡路大震災)が発生した後、関西在住の一部の地震学者から「西日本は地震の活動期に入った」との発言が聞こえるようになった。その後二〇世紀の終わりごろから「大地震は切迫している」という発言が繰り返され始めた。この時の「大地震」が意味していたのは、一九七〇年代から言われ続けていた東海地震に加え、その西側で起こる東南海地震や南海地震である。過去にはこれらの地震が連動して起こっていたからだ。現在ではこの一連の地震活動は南海トラフ沿いの地震と総称されている。

その後、この「大地震は切迫している」は学者ばかりでなく、防災関係者の間でも語られるようになった。たぶん学者からの受け売りだと思うが、彼らの発言を聞いていると、明日にでも起こりそうな雰囲気で大地震発生の可能性を指摘していた。

　ところが二〇一一年三月一一日に東北日本太平洋沖地震（東日本大震災）が発生すると、彼らの発言は「想定外」に変わった。東北日本太平洋沖地震は三陸沖で起こった地震であって、太平洋プレートによって形成されている日本海溝沿いの地震である。大地震切迫説の地震はフィリピン海プレートが形成する南海トラフ沿いの地震である。全く別物なので、南海トラフ沿いの大地震の切迫は変わらないはずなのに、彼らは口を閉ざしてしまい、事あるごとに「想定外」を発していた。

　私は彼らのこの豹変は理解できなかった。理解できないというよりは、同じ研究者仲間として、無責任で不愉快だった。そんなとき朝日新聞の記者だった泊次郎氏から『日本の地震予知研究130年史』（東京大学出版会、二〇一五）を頂いた。「明治期から東日本大震災まで」と副題にあるように、日本の地震予知研究史であるとともに、古代ギリシャのアリストテレスから始まる自然観、ヨーロッパでの地震観、地震研究史も紹介し、最後には日本の地震予知研究への提言で締めくくられている大著である。

　引用文献は延べ二千編を越え、元新聞記者らしく、一つ一つの事実を検証しながら積み上げ、演繹し、議論を進める手法は著者の誠実な人柄がにじみ出ている労作である。「大地震切迫説」とは対極的なこの大著に啓発され、私は本書を執筆することを決めた。泊氏の大著とは比較にならないが、私には経験という一つの大きな財産がある。

私の大学院時代の指導教官の萩原尊禮先生は日本の地震予知研究計画を推進した一人である。先生は一九三〇（昭和五）年に東京帝国大学理学部地震学科に入学し、その後地震研究所に入所され、一九六九年に教授で退官されるまで、日本の地震学研究の牽引者の一人として活躍され、定年後は地震予知総合研究振興会の会長を務められた。私は大学院卒業後、地震研究所に入所し、引き続き先生の薫陶を受けていた。一九七四年、新設間もない国立極地研究所に移ったが、これも先生が形作られた日本の南極観測の地震観測システムをより発展させたい一途の思いからである。

地震研究所時代は地震予知や火山噴火予知の先兵として微力を尽くしていたが、極地研究所に移ってからは、日本の地震や火山噴火予知の研究を横眼で見ながら、南極の固体地球物理学分野の研究、開拓に力を注いでいた。しかしその間も先生とはときどき会い、いろいろご指導もいただいた。

在職中から先生は何冊かの著書を出版されたが、時にはそれらの著書をいただき、時にはその出版の手伝いをした。中でも『地震学百年』（東京大学出版会、一九八二）は日本の地震学小史で、関連して創設期の東大地震研究所の裏話をいろいろ伺った。また遺著となった『地震予知と災害』（丸善、一九九七）は、「先生私たちに遺言を残してください」という願いに対し、直接語ってくださった内容を本にしたものである。そのような経験を背景に、本書を執筆した。本書の第1章から第3章までのかなりの部分は、萩原から得た知識で執筆している。

学問の世界はとかく世間一般からは離れた、まさに浮世離れしたところがある。しかし、地震学は予知という視点では一般市民と密着している。学問の世界での会話と一般市民との会話とは別の次元なのだが、学者・研究者はむしろその違いを逆手にとって、自己顕示の手段にしている場面が多々あるようだ。そうした事実に対しての警鐘と、一般市民の方にもその違いを理解していただき、そのうえで学者・研究者の発言を聞いて欲しい。本書がその一助になればと願っている。

地震予知は不可能である。大地震発生をあらかじめ予知し警報を発するという「大地震対策特別措置法（大震法）」も実際は運用不可と政府も地震研究者も認めた。予想される南海トラフ沿いの巨大地震も観測値に異常が現れたら公表するが、発生するかしないかは示さず、すべては個々の判断にゆだねられる。そんな事実を背景に、私は究極の地震対策として「抗震力」を提唱してきたが、本書でもその詳細を最後に記した。抗震力は各家庭で地震へ備えるお守りである。

恩師を含め歴史上の人は敬称を略し、現役の人の実名は使わないことにした。ただし著書を引用参照した場合は実名にてその引用元を示した。学者とした表現は主に大学教授クラス、それ以外を研究者と記すようにした。明治時代の日本は教授の権限が強かったようなので、そのような表現にした。

地震について述べる時の緯度、経度やマグニチュードを始め諸データは『理科年表』（丸善、二〇一三）を基準にした。『図説　日本の地震　1872-1972』（神沼他、東京大学地震研究所　研究速報第九号、一九七三）は、一八七二年の「浜田地震」（M7・1）から一〇〇年間に起きた主な地震をまとめたもので、本書でもたびたび参考にした。

読者の地震情報への理解の一助になれば幸甚である。

第1章　地震学の黎明期

1　学者のたわごと

地震研究者に「地震が起こりますか」と聞いたとする。その研究者が「必ず起こりますよ」と答えたとしたら、その人は研究者としては失格だろう。よほど自己顕示欲が強いか、一種の愉快犯で自分の知識をひけらかして、満足する人である。

話の流れにもよるが、相手が地震の専門家として聞くのだから、質問者の意図は「自分の住んでいる地域で近い将来、被害を伴うような地震があるかないか」を知りたいはずである。相手は専門家に聞いているのだから、答える方も専門家らしく、相手の質問を理解し答えるべきである。

私ならせめて以下のように答える。

「日本列島では毎日数十から数百の身体に感じない地震が起きている。だから地震は必ず起こる。しかし被害を伴う地震があなたの住んでいる地域で、これから一年以内に起こるかと云えばそれは分からない」。

地震大国日本では、「地震が起こる」と云っても決して嘘を云っているわけではない。しかしそう云われても何か変と感じるだろう。それは地震の大きさに言及していないからである。身体に感じる地震を「有感地震」と云う。一般市民にとっては小さな地震、少しぐらいは揺れて身体に感じる有感地震であっても被害が無ければ、問題はない。しかし無条件で「地震が起こる」と云われれば、心配してしまう。研究者にとっては起こると云える地震かもしれないが、一般市民にとっては関係ない地震なのだ。そんなことにも気が付かないで「地震が起こる」という研究者は、研究者としての資格があるのか疑問に思える。

もう一つ重要で、しかも明言できないのは「被害をもたらす地震がいつ起こるか」という事である。日本では世界に先駆けて地震を予知しようとする努力がなされてきている。そしてその予知の可能性に否定的な意見が、大勢を占め始め、国として予知はできないという流れになっている。それは「いつ起こるか」という地震の発生日時を正確に予測することが非常に困難であることが分かってきたからである。

「地震を予知する」という事は、発生する地震を次のように明確にすることと定義されている。第3章で述べる日本の地震予知研究計画では以下のように定義をしていた。

(一)　いつ起こるか。

(二)　どこで起こるか

(三)　どのくらいの大きさか。

㈠の時間は発生日の数日前から一週間前くらいの精度が必要で、それが一カ月前になれば、風評被害も出て意図に反して予知する利点が無くなると心配されている。
㈡の起こる場所は都道府県単位、あるいは〇〇地方、県西部と云える程度に絞り込んでおくことが必要である。
㈢の予知すべき地震の大きさは太平洋岸で起こる地震についてはM（マグニチュード）8、内陸から日本海側にかけてはM7・5以上の地震、つまり大きな被害が予測される地震は予知しなければいけない。

この地震発生の月日、場所、大きさを地震予知の三要素と呼んでいた。

地震予知の定義をこのように明確にしてからの五〇年の間にも、多くの研究者が地震の発生について発表してきた。本人は予知なのか、あるいは「こんな地震が起こりそう」という単なる予想なのかは明言せずに、多くの地震発生情報がマスコミに取り上げられてきていた。明言できるのはそれらの予知、予測は一つとして、地震発生につながったものは無かったという事である。中には自分の予測は的中したという人もいた。しかしそれはラクビーボール程度の地震が起こると予測していたのに、ピンポン玉かパチンコ玉、あるいは米粒かゴマ粒程度の地震が起こっていたことを指していた。小さな地震はたびたび起こるので、たまたま予測があたったように見えたのだが、それでは地震を予知や予測したことにはならない。

地震学者の無責任の戯言に迷惑をしてきたのは一般市民である。

2　地震学会の設立

人類史上の偉大な科学者であるガリレオ・ガリレイを生んだイタリアは日本と同じ地震の多発国であり、火山の並ぶ国である。しかしそんな先進国よりも先に、地震を研究する学問分野をまとめる地震学会が設立したのが日本だ。

一八六七年に大政奉還で江戸幕府が崩壊し、王政が復古し一八六八年に明治維新を迎えた。明治新政府は欧米の科学技術の輸入に力を注ぎ、そのために一八七一年には文部省（現在の文部科学省）が設けられた。高給を出して多くの欧米の科学者や技術者を招いて、若者の教育に当たらせた。

一八七七（明治一〇）年四月、文部省所管の官立学校として東京大学が創設され、多くの外国人が教官として学生の指導に当たり、彼らは「お雇外国人教師」と呼ばれた。そのほとんどが本国で立派な教育を受けた若い優秀な人たちで、その優秀な人材がいたから、地震学の研究も容易に着手されたのだった。

一八八〇年二月二二日、横浜を中心に地震が発生した。この地震は現在では「横浜地震」と呼ばれ、M5・5〜6程度と推定されており決して大きな地震ではなかったが、首都東京では明治になって初めての大きな地震だった。東京ではほとんど被害は無かったが、横浜で文明開化とともに作られたレンガ造りの建物が崩れ、煙突が折れ、墓石が転倒した。このような近代建築の建物に被害が出たことは、地震の起こらないイギリスやドイツなどから来たお雇教師たちを驚かせた。

この地震に素早く反応したのが、イギリス人のジョン・ミルンだった。ミルンは一八五〇年にイギリスのリバプールで生まれ、ロンドン大学を卒業した後も鉱山学を学んでおり、地質学の知識もあり、日本では資源開発を期待され、白羽の矢が立てられたようである。彼は一八七六年三月八日に横浜に到着し、赤坂に居を構えた。そして四月八日に生まれて初めて地震を経験している。彼はその体験に驚き、自宅に振り子を設置して次の地震を待っていた。それから四年後に、待ちに待った地震が起きたのである。

彼は直ちに発生した地震の調査を始めた。現在では「通信調査」という手法が確立し、地震後多くの人の体験を調査し分析しているが、ミルンは地震初体験なのにすぐそのような対応をとった。最初の体験の衝撃から、彼は地震現象を調べるためのいろいろな手法を考えていたようだ。

早速、ミルンは在京の外国人教師や外国人技術者、日本人の有志に声をかけ「日本地震学会」を設立し、第一回会合を四月二六日に東京大学の講堂で開催している。その実行力に驚かされる。そこでミルンは講演し、地震学の研究の目的は地震災害を防ぐことであり、このような研究は地震の多い日本だからできることを強調している。そして最終目標としては、地震予知を目指していた。

地震現象の解明には、その震動を記録することが必須である。ミルンは地震計の開発にも力を注いだ。ミルンとともに地震計の開発に貢献したのが、ジェームス・アルフレッド・ユーイングだった。ミルンより五歳年下で一八七八年に東京大学理学部の機械工学のお雇教師として来日し、物理学も教えていた人で、地震学会会員にもなった。

ユーイングが来日した時は二三歳で、エジンバラ大学を卒業していたが、日本の学生とほぼ同年代だった。ミルンの着任時の年齢も二六歳であった。現在では共に大学院の学生の年齢である。ユーイングもまた地震計の開発で力を発揮して、日本で製作された地震計はその後外国でも使われた。

私の指導教官であった萩原尊禮は「器械の萩原」と呼ばれたように、数々の地震計や傾斜計などの測定器を開発した。その萩原から直接聞いた話であるが、ミルンやユーイングが地震計の開発を当時の日本で行うことは容易なことではなかっただろうが、実現できたのは器用な日本人の職人たちが協力したからであろうと推測していた。

ユーイングは任期の五年で帰国したが、ミルンの日本滞在は一九年におよび、その間に日本人女性トネと結婚した。二人は一八九五年イギリスに帰国した。帰国後ユーイングは全く地震とは関係ない分野を歩んだが、ミルンは自身の開発した地震計を大英帝国の植民地に置き、地球上の多くの地点で観測を続けていた。二〇世紀を目前にしたころ、大英帝国南極探検隊長のファルコン・スコットがミルンを尋ね、南極での地震観測について相談している。スコット隊は一九〇二～〇三年に現在の南極ロス島ハット岬で越冬しているが、ミルンの地震計を持参して南極で初めての地震観測を実施した。一八八〇年の横浜地震が南極にまで影響を及ぼしたのである。地震学会発足当初は日本人の参加者は少なかったが、東京大学の菊池大麓数学科教授や山川健次郎物理学科教授などの名が見られる。その影響もあり少しずつ日本人の参加者が増え、その中から次代を背負う若い研究者が育ち始めた。

ユーイングの講義を直接聞き、指導も受け、地球物理学界の大御所となった田中館愛橘もその一人である。また東京大学の初代地震学科教授となった関谷清景は日本の地震学の基礎を作った一人であり、全国の自治体で地震の震度を体感で記録するように指導した人だが、肺疾患を病み、わずか四二歳の若さで亡くなった。また菊池大麓から数学の指導を受けていた大森房吉は、首席だったことからか菊池の目にとまり、地震研究に参加することを勧められた。またこの章のもう一人の主人公になる今村明恒もまた、地震学へ関心を持ち始めていたようだ。

このように創設された地震学会を通して、地震現象の観測調査、そしてその解明が少しずつ進み始め、人材も育ちつつあった。

3　濃尾地震の発生

一八九一年一〇月二八日、日本列島のほぼ中央で未曽有の大地震が発生した。

古い歌であるが「汽笛一声新橋を……」で始まる「鉄道唱歌」・第一集の初版は一九〇〇年五月に出版された。在来の東海道線の全線開通は一八八九年なので、大地震はその直後に発生している。その鉄道唱歌・東海道の三四番の歌詞は以下のとおりである。

名高き金の鯱鉾は　名古屋の城の光なり
地震の話もまだ消えぬ　岐阜の鵜飼いも見てゆかん

発生から一〇年たっても、震源地の岐阜では地震の話がなされていたのだ。私はこの歌を小学生のころ覚えたのだが、何で歌詞の中に地震がでてくるのか理解できなかった。それが「濃尾地震」だと分かったのは地震学を勉強し始めてからだった。この地震以後も日本列島では多くの地震が起こっているが、このように歌に残された地震が他にもあるのかどうか私は知らない。

二〇一一年の東日本大震災（M9・0）も一〇年以上は語り継がれるだろうが、被災地を激励する歌は歌われていても、「地震の話もまだ消えぬ」のような形の語り継ぎはあるだろうか。地震の結果として放射能汚染が大々的に発生したこの地震も、永遠に忘れてはならない地震である。

未曽有の大地震は美濃（岐阜県）、尾張（愛知県西部）に甚大な被害が発生し、「濃尾地震」（M8・0）と命名された。発生から百数十年が経過した今日でも、濃尾地震は日本列島内で発生した最大の内陸地震である。

この地震を有名にしたのは当時の岐阜県根尾谷水鳥（ミドリ）村に大きな断層が現われたことだ。西側の地面が六メートル隆起し、左側に二メートルずれた（左横ずれ）断層が出現した。その後の調査で、断層群は伊勢湾北部から北北西に延び、福井県に達する総延長八〇キロ以上の断層系である。

この地震により全壊した建物は一四万余棟、半壊は八万余棟、死者は七二七三名、山崩れは一万余ヵ所と、甚大な被害が起きた。この地震を感じた範囲は最遠地が八八〇キロにおよび、西は九州全域、東から北は宮城県から山形県だった。

この地震が起きた頃、菊池大麓に地震研究への参加を奨励された大森房吉は大学卒業後学士研究科（現在の大学院）に進学し地震学を学びながら、一八九一年の七月に院生のまま地震学教室助手嘱託となった。教授の関谷清景の体調不良もあり、このような人事がなされたのだ。

東京帝国大学は早速現地調査をするべく、調査団を結成したがその任に当たったのが大森房吉だった。助手嘱託とはいえ若干二三歳の大森が、すべてを取り仕切ったのだ。そして現地の状況を知るために、この年理科大学（現東大理学部）に入学したばかりの学生、今村明恒をまず現地に派遣した。今村は現地の状況が分かるとすぐ帰京を命ぜられ、現地調査には参加できなかった。今村はこれを相当に残念がったようだが、大森からすれば新入生に任せられない、あるいは自分が現地に行くので東京で留守を預かる責任者として今村を残したいという気持ちがあったのではないかと想像している。これが後年の大森と今村の確執の始まりという人もいるが、今となっては分からない。

大森はジョン・ミルンや物理学や建築学の教授たちで編成した調査隊で現地に赴き、調査を開始した。少し遅れてドイツの留学から帰国したばかりの地質学者の小藤文次郎とイギリスから帰国したばかりの田中館愛橘も現地調査に参加した。

図1　出現直後の根尾谷断層。写真奥側が6メートル隆起し、左側に2メートルずれた。

断層を見た小藤は、断層が地震の原因と看破したが、それが理論的に認められるようになったのは、およそ七〇年後のことになる。私自身も最初は「断層は地震の結果」と教育されたが、実際には「断層こそ地震の親」だったのである。

また田中館はかねてから測定していた地磁気の値と地震後の測定値との間に変化があるのかないのかなど、多角的な調査を実施した。

当時の日本の若き指導者たちの自然科学への熱意が、この大惨事から少しでも学ぼう、解明しようと結集されたのだった。

一口メモ（一）　断層を見よう

地震断層を見ると、大地の強さを実感し、地震防災に対してもより真剣に向き合う気持ちが湧いてくる。水鳥断層は根尾谷断層とも称せられ、天然記念物にもなっている。東海道線の大垣駅から樽見鉄道に乗り、水鳥で下車すれば、地震体験館などがあり、当時の状況が理解できる。集落の畑の中には道の直角な曲がりが、現在でもそのまま残っている。

一九三〇年の北伊豆地震（M７・３）で静岡県函南町に現れた丹那断層も必見である。東海道本線の丹那トンネル掘削中に地震が起きトンネル内も横切っている。左に約三メートルずれた左横ずれ断層で、火雷（ヒライ）神社では鳥居と参道の石段の間に断層が走り、ずれているのが分かるし、近くには断層面を調べたトレンチも見学できる施設がある。

一九九五年の兵庫県南部地震（M７・３）で淡路島の北端付近に野島断層が出現した。落差五〇センチ、右横ずれ一メートルの断層はそのまま、北淡震災記念公園として保存されている。

4　震災予防調査会の発足

濃尾地震の発生で地震研究を充実させる必要性は、調査に参加した誰もが実感したようだが、それを実現に導いたのは、東大教授であるとともに貴族院議員でもあった菊池大麓だった。地震発生翌年の一八九二年六月二五日の帝国議会によって文部省所管の震災予防調査会の設立が認められた。設立とはいっても、富国強兵で国の予算の多くは軍事費につぎ込まれる時代だったので、組織は無く、事務局は文部省内に置かれたが、指名された一三名の委員はいずれも兼務であった。それぞれの委員は決められた項目について調査研究をし、それを出版物として報告するという形式がとられた。会長は当時の東京帝国大学総長の古在由直で、菊池大麓は幹事だったが、一年後には菊池が会長兼幹事になり委員も一九名に増えた。東京帝国大学教授だった小藤文次郎、関谷清景、田中館愛橘、長岡半太郎、寺田寅彦などが委員に名を連ねている。そのほか建築、土木など工学系の委員も委嘱されていた。

調査会の調査の方向性として菊池大麓は次の五項目を指摘している。

㈠　地震や津波の記録の収集と記載分類。
㈡　地震観測や地震計の改良により地震動の解明。
㈢　地震に伴う地形変動や火山噴火の地質的調査で地下内の現象の解明。
㈣　地震の関連現象を解明し究極の目的である地震予知の可能性を探る。
㈤　震災予防の実際的調査で、耐震構造を探る。

各委員の調査研究成果は震災予防調査会報告（全一〇二号）、調査会欧文紀要（全一一巻）などにまとめられている。特に一九〇四（明治三七）年には『震災予防調査会報告第四十六号（甲）』として『大日本地震史料』が刊行された。これにより日本でのもっとも古い地震記録は允恭天皇五年（四一六年）であることが明らかにされた。また八八号乙では大森房吉により『本邦大地震概表』がまとめられた。さらに一九一八（大正七）年には八六、八七号で大森により『日本噴火誌』が出版されている。

すべての委員が兼務のため、本業が忙しく、少しずつ地震の調査研究ができなくなっていった状況の中で、地震学教室にいた大森は孤軍奮闘、一人で次々に論文を発表していた。欧文紀要全一一巻に掲載された論文の総数は九三篇だったが、そのうち八一編が大森の論文であった。しかもその間の一八九五年から九七年までの二年間はイタリア、ドイツなどへ留学していて、日本には不在だったのだ。

当時の大森は地震が起これば一篇は論文を発表すると云われ、精力的に調査や観測を進めていた。自然科学の第一歩は現象の記載分類である。どんな現象が起こっているかを明確にすることによって、その現象のモデル化ができ、学問は前進する。大森の時代はまさに発生してきた地震の記載分類の時代だった。それも助手的な人はいても、研究者はほとんどおらず大森一人ですべてを行っていた。その結果今でも役に立ついくつかの公式が提唱されている。このような記載分類に主点を置いた学問手法は「大森地震学」と呼ばれ、長岡半太郎のような理論物理学者からは、もっと理学的な研究が必要と批判されたようである。理学的研究とは地震を起こす過程を弾性論的に解明することであるが、地震の起こっている場所の特定も十分にはできない時代なので、記載分類の段階でも大森の調査研究は十分な成果が上がっていたと云える。

理論が必要という批判は理解できても、その理論を創造してゆくためには、天才は別にして一般の研究者にとっては現象の解明は不可欠である。逆に大森のおかげで、後進の研究者がどれだけ容易に地震現象を理解することができるようになってきていたか、その功績は計り知れない。

一口メモ（二）　震源までの距離を簡単に知る方法

地震が発生した時に注意深く観察していると、まずカタカタとガラス戸などがかすかな音を立て、小さな揺れを感じ、そのあとユサユサとした大きな揺れを感じる。カタカタの時にタテ波（P波）が到着し、ユサユサの時にヨコ波（S波）が到着している。そして地震の揺れで被害を起こすのはほとんどがヨコ波である。地震かなと感じたらすぐ時計を見て欲しい。そしてユサユサが来るまでの時間を秒単位で測るのである。このタテ波の到着からヨコ波の到着までの時間を初期微動継続時間（t）と呼ぶ。この初期微動継続時間に7.42を掛けた値が、今、読者のいる所から震源までの距離（L＝7.42×t）となる。初期微動継続時間が一〇秒とすると、震源までの距離（L）は七四キロになる。タテ波、ヨコ波の区別は地震を感じるたびに注意していると、だんだん判断ができるようになる。震源までの距離が一〇〇キロもあれば、震源から離れているので、その地震で読者の住む場所に被害が起こる可能性は低くなる。

この式を「大森公式」と呼び7.42は「大森係数」と呼ばれている。概算の距離を求めるには7.42ではなく、7でも8でも構わない。地震の波が通過する岩盤によってその値は異なるので、大森は一つの平均的な値として7.42を用いたのである。この公式は現在でも震源までの距離の測定に多くの研究者が使っている。

5　今村明恒の大地震発生への警告

地震学は非常に地味な学問である。私は小学生のころから研究者になることを夢見ていたが、やはり天文学者とか気象学者のような、比較的自分自身がすぐ手の届く学問に興味を持っていた。私の希望は空の高いところからだんだん下に降りてきて、ついに地球の中の学問、地震学に興味を持つことになった。地震学が脚光を浴びるのは防災という、日常生活に直結する部分で、そこから地震予知への関心が高まってくる。その地震学を民衆にもっとも近づけた嚆矢は今村明恒と云えよう。

一八九一年に東京帝国大学理科大学物理学科に入学した今村明恒は、一八九四年に卒業した後、陸軍幼年学校の教官になった。鹿児島出身で薩摩隼人の今村は、温和な大森とは対照的に、妥協を一切しない硬骨漢だった。そのため誤解する人や反感を持つ人も多く、生涯を通じてどのくらい損をしたか分からないと、萩原尊禮から私は聞いたことがある。

今村は一九〇〇（明治三三）年、地震学教室の助教授になったが、これは無給で、本務はあくまで幼年学校の教官だった。したがって地震学教室に顔を出すのは土曜日の午後が多く、人によっては大森と顔を合わせるのが嫌だからだと噂をしていた。

今村も地震学への功績は大きく、特に地形変動と地震発生の関係には関心を持ち続けていた。一九三〇年に東大を退官したが、その後も私費で神奈川県の鎌倉や和歌山県下に観測所を造り、地震や地殻変動の観測を続けていた。一九三七年には『地震学の理論と応用』（丸善）という教科書的な本を英語で出版している。日本人による地震学の教科書の発行は初めてで、おそらく世界でもまだほとんどなかった時代である。一九四四年、今村の要請を受けて陸軍の測量隊が静岡県下で、水準測量を実施していたとき、いつもは一定の値に収束するはずの測定値が、なかなか落ち着かなかった。測量者たちが不思議に思っていたら大地震が発生した。一九四四年の東南海地震（M7・9）の発生である。後年、この事実は地震予知の可能性を示唆する現象と高く評価されている。今村の慧眼を示すエピソードである。

今村は記憶力が抜群で『大日本地震史料』をほとんど暗記していたようで、萩原の話では、話をしている最中にちょっと上目ずかいに天井をにらむと、昔の大地震の発生年月日をとっさに話し出したという。

現代の視点から見れば今村が上京してきて以後の東京は、地震の多い時代だった。一七〇三（元禄一六）年の元禄関東地震のあと比較的静かだった南関東では、一八四〇年ごろから地震活動が活発になった。一八五五（安政二）年には「安政江戸地震」（M7・0〜7・1）が発生し、崩れたり火災で焼失したりした家屋が一万四千余棟、死者は武家、町方合わせると一万人に達したと推定されている地震である。

その前年は「安政東海地震」（M8・4）、「安政南海地震」（M8・4）が続けて起こり、西日本は騒然としていた。そこへ江戸での大地震発生だった。地震の怖さが消えない東京（江戸）では一八九四（明治二七）年に「東京地震」（M7・0）が起こり、東京東部や横浜で三一名の死者が出ている。

こんな時代的背景もあり、今村は地震の発生に伴って起こる災害、地震災害の軽減にも力を注いでいた。特に火災への注意の喚起も忘れなかった。今村は地震に対する注意の広報手段として、レコードも出している。非常に格調高い調子で、地震の被害を切々と訴える今村の熱意は、発売後数十年たって聞いた私の心にも十分に伝わった。

今村は地震災害を啓蒙する目的で一九〇五（明治三八）年九月、雑誌『太陽』（博文館発行）に一〇頁の文章を寄稿した。『太陽』は当時多くの国民が愛読していた日本初の総合雑誌である。

そのタイトルは「市街地に於ける地震の生命及財産に対する損害を軽減する簡法」である。今村は以下の論点で述べている。

一．濃尾地震の震災の大きさから震災予防調査会が設立され、多くの地震災害に対する論文が発表されているが、それが民衆まで浸透していない。その一助になるべく執筆した。

二．安政二年の江戸の大震での損害は、濃尾地震の損害と遜色なく、今東京に大震が起こり火災が発生すれば死者は一〇～二〇万人、財産の損害は数億円。同じことは京阪でも心配される。

三．東京で千人以上の死者を出した地震は慶安二年、元禄一六年、安政二年の三回で、ほぼ百年に一回の割合で発生している。安政二年の地震から五〇年が経過しているが、慶安二年の地震から五十四年で元禄の地震が発生しているので災害予防は一日の猶予もない。

四．東京で火災が発生しなければ、圧死者三千人、被害総額二千万円で済む。損害を軽減するためには火災を起こさないことである。

五．火災を起こさないためには電灯の普及を早め、照明として用いられている石油ランプの使用を廃止すること。

今村の主張は誇張もなく、特に学問として得られた知識を、民衆にいかに伝えるか、どうしたら学問を役立たせられるかに腐心している。

慶安二（一六四八）年の地震はM7・0と推定されており、江戸、川越、日光などで被害が大きく、上野東照宮にあった大仏の頭が落ちた地震である。今村は『大日本地震史料』から慶安二年、元禄一六年、安政二年の地震を選び出し、東京（江戸）での大地震発生間隔は一〇〇年に一度くらいと考えたようである。しかし、この三つの地震の間隔は五四年と一五三年であるから安政二年から五〇年が経過した一九〇五（明治三八）年ごろの東京でも注意はしておいた方が良いという主旨の論法である。

6　論争への火付けは新聞

今村の雑誌『太陽』への論説が発表された直後は、大きな反響はなかった。たぶん多くの市民は「なるほど」と受け取っていたのだろう。

翌一九〇六（明治三九）年一月一六日の『東京二六新聞』は次のタイトルの記事を掲載した。『今村博士の説き出だせる大地震襲来説——東京市大罹災の予言』で、丙午の年であるから天災火災が多い、と冒頭から不安をあおるような書きだしだが、今村の地震発生は今後五〇年間以内の話であると、すぐに大地震が起こるという論調ではない。そして今村の学説が正しいか否かは別にして市民の注意を喚起する目的で紹介したと結論づけている。

新聞を読んだ読者からは東大の地震学教室に問い合わせをする人がいたが、そこには今村はおらず大森がいるだけだった。大森から新聞報道の事実を知った今村は、自分の論旨とはかけ離れた新聞報道であることを抗議し、訂正を求めた。『東京二六新聞』は「大地震襲来説として掲載せる記事に関して今村理学博士より左の如き来翰ありたり」として一月一九日にはその抗議文を掲載していたが、記事の訂正や取り消しはなされなかった。

これに対して『東京二六新聞』とライバル関係にあった『萬朝報』は「大地震襲来は浮説」と題する記事と今村の「震災予防について」の投書を掲載した。『萬朝報』は（『東京二六新聞』が）今村の論説を丙午に関連させ都合よく解説し、あたかも地震が起こるようにセンセーショナルに報じたと批判した。また今村は地震が発生した場合に火災を発生させないためには石油ランプを電灯に変えるべき点を指摘、強調したと述べている。

また『萬朝報』は大森の意見も載せ、地震の襲来予測は困難であるから、常に備えを怠らず今村の提唱する震災予防を実践することが肝要と述べている。このような記事の応酬後、世の中の地震に対する不安は沈静化していったかに見えた。

ところが二月二三日夕方、房総沖でM6・3の地震が起こり、房総半島で家屋の壁に亀裂が入る被害が発生し、続いて翌二四日午前九時ごろ東京湾でM6・4地震が起き、京浜地方で土蔵に亀裂やレンガ造りの煙突が破損する被害が起きたのだ。巷には地震発生のうわさが飛び交い、人心は混乱を極め、市中は大騒ぎとなり、警察の取り締まりにまで発展した。

この地震発生の混乱を受け、大森は一九〇六（明治三九）年三月発行の『太陽』へ「東京と大地震の浮説」を寄稿した。大森は今村の百年周期説をまず否定した。その根拠は本当に東京で起こった地震（震源が東京にある地震）は安政二年の地震だけで、元禄一六年の地震の震源地は小田原であるので、東京での大地震の発生は数百年に一度程度であると主張した。ただし地震はいつ起こるか分からないので、備えだけはするようにと、地震防災の面を非常に強調している。

大森のこの寄稿が掲載された後、一連の騒ぎは終息に向かった。雑誌『太陽』の記事だけでは、一般市民の関心はあまり呼ばなかったのが、新聞記事によって、事情は大きく変化していった。テレビはもちろんラジオもなかった時代、新聞の影響力はそれだけ大きかったのだろう。人々は昔も今も、新聞報道を信じてしまう。この騒動はその後に日本で起こる地震発生説の始まりだった。

7　大森房吉の火消し

地震の大きさを知る一つの便法として、日本に震度の概念が取り入れられたのは、地震学会が発足して間もなくだった。推進者は関谷清景で、測候所をはじめ地方自治体の役場などへも、地震が起こったら震度を知らせるようにとの指示が出されていた。このため関谷は東大教授でありながら、内務省の地震課長も務めていた。濃尾地震でも震度が報告されている（『図説　日本の地震』一七頁）。

今村は震災予防調査会の設立趣旨を尊重してだと推測しているが、東京に起こる地震に対し、その大きさを決めるスケールとして、死者数を使った。そして慶安二年、元禄一六年、安政二年の地震を選び出し、「死者が千人を超すような大地震が東京を襲うのは平均百年に一回程度」との結論で、地震防災を説いたのだった。

この百年説を否定した大森の根拠は、今村と同じように『大日本地震史料』の精査だった。江戸時代から明治時代まで東京およびその周辺で強い地震を感じたのは一八回あったが、そのうち本当に東京で起こった地震（震源地が東京の地震）は安政二年の一回だけであると断じている。今村の指摘した元禄一六年の地震も、小田原方面が震源地であるので、これを東京の地震と数えていない点が注目に値する。この地震は現在では「元禄関東地震」と呼ばれている地震であるが、大森はこのころから海側の地震として、安政二年の地震とは区別している。当時はドイツのアルフレッド・ウエーゲナーがようやく大陸移動説に気が付き始めた頃だった。大陸移動説はその後プレートテクトニクスに発展してゆく。

大森はプレート境界の地震（元禄一六年の地震）とプレート内地震（安政二年の地震）を区別すべきことに気が付いていた。このような考えに基づいて、大森は「東京の大地震は平均数百年に一度」であるから、今村の主張のように一〇〇年の周期だから五〇年以上が経過しているので、次の地震が近いというような予測はできないと結論づけている。大森はこのような論法で今村の主張を否定したのである。

当時の大森は東大の弥生門の近くにあった地震学教室の中で地震観測を継続していた。地震がおこればすぐ記録を見られる立場にあり、揺れの大きな地震が起こればすぐどの地域で起こったかを推測して、地図上に示し地震の震央分布図を作っていた。新聞記者は地震が起これば地震教室に問い合わせるという、現在の気象庁の役割も担っていた。

大森も今村も共に、地震は同じ場所で繰り返し起こることには気が付いていた。その基礎資料はやはり『大日本地震史料』だった。この地震史料はその後、加筆され、改定が続けられており、現在では毎年丸善から出版される『理科年表』の「日本付近の主な被害地震年代表」に引き継がれ、研究者はもちろん防災関係面などに大変役立っている。

もう一つ大森と今村がともに主張していたのが、震災の軽減である。今村の石油ランプから電灯への主張同様、大森は消火にも必要なので水道の整備を提案していた。

一口メモ（三）　マグニチュードと震度

地震の大きさを示すのがマグニチュードであるが、これは一九六〇年代ごろから日本でも使われるようになった。『大日本地震史料』に掲載されている地震記録の無い時代に起こった地震に関しては、その被害分布と現在の地震記録がありマグニチュードが求められている地震の被害分布とを比較して、昔起こった地震のマグニチュードを推定している。江戸時代以前の地震のマグニチュードが求められているのはこのためである。

震度はマグニチュードとは関係なく、地震を感じた場所での揺れの大きさを体感で決めていた。はじめは微震、弱震、強震、烈震の四段階だったが、その後改良が重ねられ、七段階になった。さらに一九九五年の阪神・淡路大震災から震度計で震度を決める「計測震度」が導入され、震度5、震度6にそれぞれ強、弱が加わり、震度0を加えて、一〇階級となり今日に至っている。

8　地震学者で銅像になった男

私が大森房吉が福井出身であることを知ったのは、恥ずかしながら二〇一九年になってからだった。萩原尊禮の『地震学百年』は発行直後にいただいて、繰り返し読んでいたはずだが、大森が「越前福井の生まれ」は読み飛ばしていたのだ。一九四八年の「福井地震」(M7・1)の何周年記念かで福井を訪れた記憶があるが、大森の話を聞いた記憶は残っていない。それ以前一九六一年の「北美濃地震」（M7・0）の時は、岐阜県北部で余震観測の手伝いをした後、萩原から「できるだけ震災地を見てきなさい」と云われ、当時の国鉄越美南線から、越美北線を乗り継いで福井県に入り、石川県を経て帰京した。それぞれの地で被災状況を調べて回ったが、やはり大森房吉の名が出たことは記憶に残っていない。

福井ではその後恐竜の化石が発見され、恐竜ブームにもなっているので、一度訪れたいと考え調べ始めたら、なんと大森房吉の銅像が建てられていたこと、二〇一八年には大森房吉の伝記が出版されていたことも知った。

善は急げで、まず福井市に行き大森房吉の生誕地に建てられた銅像を見た。像が北向きに建てられていたので、良い光線を求めて朝、昼、夕方と三回、訪れたが、思うような写真を撮ることはできなかったが、地震学を学んだ者として、「地震学をつくった大先輩」の一端に触れることができて満足だった。

伝記は福井からの帰宅後、取り寄せになるだろうと思いながら近くの書店に行ったところ、幸いなことに一冊在庫がありすぐ入手することができた。近年は視力も弱り読書力の衰えを自覚していたが、読みだしたら面白くて一気に読んでしまった。まだそんな読書をする力が残っているのだと自分自身で感心した。

上山明博氏著の『地震学をつくった男・大森房吉』（青土社、二〇一八）は、著者の綿密な調査による大変価値の高い労作である。一つ一つ資料に基づいて検証し執筆されているので安心して読むことができた。

大森のこと以外にも意外な発見があった。同書一七四頁には私の指導教官であった萩原尊禮の著書の引用がある。萩原が大学入学後二年か三年で今村明恒は東大を退官したので、萩原らは今村にとっては最後の学生、つまり弟子にあたる。その萩原に指導を受けた私は今村の孫弟子にあたる。そのようなことを考えたことはあまりなかったが、同書を読んでいて、思いがけない人が「今村の孫弟子」を自認しているのに驚いた。どう考えても、その人が今村明恒の孫弟子にあたるとは思えないのだ。「寄らば大樹の陰」、自己顕示の一つの方法だろうか。

図２　福井市の生誕地近くにある大森房吉像。向かって右側は大森式地震計のレリーフ。

著者はそれほどいろいろな史資料や文献を詳細、綿密に調べ同書を執筆された。もう一つ私が初めて知ったのは大森が一九一六年のノーベル賞候補だったことだ。現在と違って、候補者の業績は本人が申請するようなシステムだったようだ。日本人最初の受賞者湯川秀樹より三〇年以上前に候補に挙がったとは「すごい」の一言だが、受賞できなかったのは対応が遅れたか、対応をしなかったからだ。勲章や賞は一つの結果ではあるが、受賞しなかった、できなかったからと云って大森地震学の価値が下がるものではない。学問が無かった時代に、ほとんど無の状態から学問の形を作っていったのが大森地震学である。

理論欠如と批判する人たちは、研究分野やその特性をあまり考えずに批判している。同じような批判は現在の地震学の中にもある。同じ地球物理学の分野の気象学は、地震学よりはるかに理論的な進歩を成し遂げていることは、毎日テレビの画面上に示された天気図から分かる。地上の気圧、気温、風などを入力すると、数式によって一二時間後、二四時間後の天気図が描かれ、未来予測ができるほどに進歩している。

ところが地震学では、地下の歪み、あるいは温度などが分かっている点はほとんどない。データがないので、地下の歪みがどこに集中して将来、どこで、どんな地震を発生させる可能性があるかというような未来予測もできない。その状況は大森の時代から一〇〇年以上が経過した今日でも、ほとんど同じなのだ。大森地震学は今日の地震学でも立派に通用している。物理学におけるニュートン力学と同じような役割を果たしていると書けば理解されるだろうか。

その大森が銅像になって、生まれた場所の近くに立っているのだ。その脇には、彼が苦労して開発した地震学上の最初の大発明と云っても過言ではない大森式地震計のレリーフが置かれている。これから地震学にどのような逸材が現われるか分からないが、大森のように銅像にまでなって顕彰される人は今後はたして現れるだろうか。

9　今村－大森の大論争

一九一六（大正四）年、房総半島でM6・0の地震が起き、家の損壊や負傷者数人の被害が出た。この地震の四日前の一二日から、付近で地震が続発していたし、地震の発生は一七日まで続き東京帝国大学地震学教室の地震計は合計六五回の地震を記録していた。いくつかの地震は東京でも感じ、人々は心配を始めていた。

この時は京都で大正天皇の即位式が盛大に行われようとしていて、大森も菊池大麓とともに、式典に参列すべく京都に滞在しており、地震学教室の管理は今村に託されていた。今村は一二日に地震活動が始まってから、「このような地震の活動は上総地方ではときどきあるので心配はない」と記者発表をした。その後一六日には被害を伴った地震が起きているので、住民は心配し始めたのだ。また当時は地震発生六〇年周期説もあって、安政の地震から六〇年が経過していることも、住民に不安を与えたのだった。

今村はこの地震活動はほぼこのまま終息するので九分九厘は心配する必要はないが、一厘の心配はあるので注意だけは怠らないようにと発表した。一厘の心配という意味はこの続発した地震に続いて大きな地震が起こることを意味する。現在の日本では、気象庁の発表はいつもこのような調子でなされており、特別非難される発表ではないのだが、民衆は一厘の心配に大騒ぎした。

即位式に出席するのをやめて帰京した大森は報告を聞き、明らかに群発地震なのだから、心配ないというべきだったと、今村を叱責したそうだ。しかし、今村にしても当たり前のことを云ったので、まったく悪いことをした意識は無く、この群発地震を巡って二人の間には激しいやり取りがあり、関係は悪化したようだ（『地震学百年』五九〜六〇頁）。

地震が群発した時、今日では、ほとんど大地震の前兆とは捉えなくてよいが、起こり方によっては判断の難しい場合がある。第3章第5節で述べる松代地震などはその例である。

今村の新聞記者への発言は東京帝国大学地震学教室の公式発表であるから、大森としてはより慎重な判断をして欲しかったのだと思う。しかし、研究者としての今村の発言は間違っているわけでもなく、このようなごく当たり前の発言が、世間を騒がすきっかけになることは地震学という学問が浮世離れした学問ではなく、人々の生活と密着していることを強く示している。

今村の時代とは異なり現在はテレビをはじめとするマスコミの宣伝力はすさまじいものがある。研究者が誠実に話した内容も、思わぬ方向へ進み大騒ぎになった例は決して少なくない。その中にはマスコミに出たいという自己顕示欲から意図的な発言もあるし、研究者の良心で話した内容がとんでもない方向に向かった例もある。

大森ー今村の論争は一〇〇年前の出来事で済まされず、現在も起こっているのである。一〇〇年前は東京帝国大学の教授は絶対的な権力を持ち、助教授に対しても権力を発揮できていた。戦後の自由化された社会では発言の自由は保証されるべきで、研究者個人が、その責任で話すことに第三者がとやかく言うことは控えるべきである。それだけに研究者のモラルがより一層問われているとは云える。

第2章　関東大震災

1　大正関東地震の発生

一九二三年九月一日、現在は「大正関東地震」（M7・9）と呼ばれている、大地震が首都圏を襲った。北は北海道の函館付近、西は九州大分付近まで地震を感じ、その有感半径は七〇〇キロになる。『理科年表』（丸善、二〇一三）による被害は死者・行方不明者一〇万五千余人、住家の全潰一〇万九千余棟、半潰一〇万二千余棟、焼失二一万二千余棟だった。これらの数字は調査によって差があるので、ここでは『理科年表』の数値を示した。

死者数にしても一四万人と云われた時代があったが、死者数と行方不明者の重複があり現在はおよそ一〇万人とされている。いずれにしてもこの数値は二〇一一年の東日本大震災の死者行方不明者の数の五倍以上で、大正関東地震は日本地震災害史上最大の犠牲者を出した地震である。

震害は神奈川県小田原では城の石垣が大崩れしたほか、木造家屋の全壊率は七〇％に達している。相模湾沿岸から内陸の村々に被害が大きく、家屋の全壊率は三〇〜五〇％の地域が多かった。火災被害は横浜市が神奈川県下全体の九〇％を占め、六万二千棟が焼失した。神奈川県では何らかの被害を受けた世帯数の割合が八六％、横浜市では九五％に達している（『神奈川県震災誌』神奈

川新聞社　復刻版、一九八三)。橋梁、道路、鉄道、上下水道などが大きな被害を受けている。

根府川では山津波が発生し、およそ六キロメートルの距離を五分ほどで流れ下り、集落一七〇棟すべてが埋没してしまった。東海道線の根府川駅では停車中の列車が海に流された。

東京市内(当時)は木造家屋の被害率は一〇%で、震源に近い神奈川県に比べれば、はるかに少なかった。全半壊家屋の多かったのは、墨田川以東、神保町から東京駅一帯、根津や神田川の谷筋、溜池付近、芝網代町など江戸時代に埋め立てられた地盤の弱い地域だった。鉄筋コンクリート造りの建物の被害率が八・五%程度だったのに対し、レンガ造り、石造りではそれぞれ八五%、八三・五%に達していた。浅草名所になっていたレンガ造りの「浅草十二階」(凌雲閣、高さ五二メートル)の八階から上が折れたのは有名な話だが、新名所の「東京スカイツリー」(六三四メートル)は隅田川を挟んでその反対側に建設されている。

図3　横浜市内開港記念会館付近の被害

この地震が未曽有の大地震と云われる大きな理由は火災が発生したためである。東京ではおよそ一六〇ヵ所から出火し、その半数は早期に消火されたが、延焼

図４　地震発生時の11時58分を示す横浜駅プラットフォームの時計

した火災は八四件に達している。神田の神保町、浅草の千束町などは火元が密集していたため、翌二日の午前六時ごろまでには、ほとんど消火はしたが、完全な鎮火までには四〇時間を要した。一〇〇人以上がまとまって焼死した場所が一〇ヵ所あり、中でも隅田川沿いの陸軍被覆廠跡では四万四〇三〇人が焼死した。広大な空き地だったが、多くの被災者が大八車やリヤカーに家財道具を満載して集まり、そこへ火災旋風が襲来して持ち込んだ家財道具に火が付き、被害が拡大したのだ。また大八車やリヤカーの荷物は避難途中でも狭い道をふさぎ、火災の延焼・拡大の原因になった。

　横浜でも宅地面積の七五％が焼け全戸数の六〇％が焼失している。同市では震災復興の一つの事業として、市内の瓦礫を海浜に埋め、公園として整備した。現在の山下公園である。

　この地震では顕著な断層は認められなかったが、神奈川県の中・西部、千葉県南部などでは至る所で地割れや山崩れが生じていた。神奈川県の中央付近を境界として北東側では全体に二メートル前後南東方向に地盤が動いた。また相模湾沿岸、三浦半島、房総半島南部では一〜二メートル隆起し、逆に神奈川県北部の丹沢山塊では数十センチの沈降が認められた。相模平野全体はこの地震によって丹沢山塊の南側を支点として海側（南側）が跳ね上がった。

津波は相模湾北部の湘南海岸で波高が五〜七メートル、房総半島で最大八メートルを記録している。また震源に近い熱海では一二メートルという記録が残されている。

現在の地震学での検討結果では、この地震の地下の断層面は北北西から南南東方向へ長さ一四〇キロ、幅七〇キロと推定されている。神奈川県全体から東京湾をはさみ房総半島のほとんどを含む地域の地下で断層による滑りが起きたと考えられている。

一口メモ（四）　震生湖と源頼朝が渡った橋脚

神奈川県秦野市南部では大規模な地滑りによって形成された窪地が堰き止められ、一・三ヘクタールの池が出現した。現在はヘラ鮒釣りの名所になっているこの池を、寺田寅彦が「震生湖」と名付けた。

また神奈川県茅ケ崎市（現）の田んぼの中には旧相模川の橋脚が現われた。相模川の下流は馬入川と呼ばれ、源頼朝がこの川を渡っているときに落馬したことから、この名が付いたと云われている。現れた橋脚は現在の相模川の東一・四キロの地域に位置するが、鎌倉時代の橋脚と推定され、頼朝も渡った橋と考えられている。

図5　大正関東地震で出現した旧相模川の橋脚。7本が出現し、その後さらに3本が発見された。付近は公園のように整備され、現在はレプリカが配置されている。

2　震災予防調査会の活動

一九二三年七月一〇日、震災予防調査会の大森房吉会長事務取扱兼幹事はオーストラリアで開催される汎太平洋学術会議に列席するため、後事を今村明恒に託し、東京駅を出発した。大森の留守中は今村が調査会を仕切る責任を負うことになったのだ。
九月一日に発生した大地震では、震災予防調査会の文部省内の事務所は書棚の転倒、壁の亀裂などの被害はあったが、損害もなく、職員は一時外に避難したが、三〇分ぐらいで室内に戻り、転倒した書棚を戻し、重要書類を整理して、再び外に出た。省内はあちこちで混乱はしていたが、火災は想定せず、土曜日でもあったので逐次退庁した。

ところが、あちこちで火災が起こり、夜になって屋根瓦が落ちて木材がむき出しの文部省の屋根にも飛び火して、全焼してしまった。この時東京帝国大学地震学教室付属一橋観測所も同様に火災の被害を受け、所有の観測器械も焼失した。このため事務所にあった調査会の全財産が灰塵に帰してしまった。その中には観測機器類やその付属品、重要書類や震災予防調査会報告、紀要、官報などが含まれている。

ただ東京帝国大学の弥生門の近くに建設されていた地震学教室と調査会所属の耐震家屋が焼失せず、観測器械や観測記録も残り、予算関係の書類も無事だった。その結果、この大地震の調査にすぐ着手できた。

地震が発生した時、今村は地震学教室内に居た。そして毎回地震を感じたときにするように初期微動継続時間を目算で数え始めたが、ヨコ波が到達して三四秒を経過したあたりから揺れは一層強くなり、それまでに経験をしたことのない揺れが続いたと記している。結局、地震を感じてから六分後ぐらいに今村は立ち上がり、職員を指揮して観測の整理を始めた。そして三〇分後には集まってきた記者たちへの説明を始めている。この時は地震の一般的注意程度の話だった。
震災予防調査会の委員の一人、寺田寅彦は地震発生時には上野の美術館で絵を鑑賞後、喫茶店で雑談中に地震に襲われたと書き残している（『寺田寅彦全集』第一四巻、岩波書店、一九六一、四三～四四頁）。

九月三日、今村は観測結果を再び発表している。地震の発生時刻は九月一日一一時五八分四五秒、震源は東京の南二六里（約一〇〇キロ）、伊豆大島の東方二〇キロほどの海底で、余震も順調に減ってきているので、同じような揺れが再び起こることはないと発表している。今村が人心の安定に配慮していることが伺える。

九月四日に今村は震災予防調査会会長事務取扱代理になり、五日に今村代理の名前で各委員に連絡を密にするよう要請している。九月六日には今村は調査会を代表して（陸軍の）陸地測量部長に面会し、震災地方の水準測量を至急実施するように、また海軍次官との面会では震災地域に隣接する海域での水深測量を至急実施することを懇請している。未曽有の混乱期に、この二つの測量に着目したのはさすが今村と云えるだろう。

九月八日に第三回の発表で、余震の推移は予想通りで、大震の再発の心配はないと説明している。このあたりの今村の判断は適確で、的を射た内容と云える（現在の気象庁の発表とはだいぶ違うと感じる）。

九月一二日、震災予防調査会の第百七回委員会（大震災後第一回）は地震学教室で開催された。

それまでも各委員独自の調査を行っていたようだが、初めて調査会としての今後の採るべき方針が議論された。そして調査方法を決める検討委員を指名し、次の会を一四日に開くことを決めた。そして一三日にはその検討委員たちが集まり基本方針を策定した。

九月一四日第百八回委員会（大震災後第二回）を開き、調査項目や方法、委員の分担などを決めた。調査項目は地震や火災ばかりでなく土木工事や建築など広範囲に及んだ。そしてその会議で各方面への調査協力の依頼、文部省への必要経費の臨時要求などをまとめて、調査活動が本格化した。

各委員だけでは絶対的に人数が足りないので、臨時委員や嘱託を採用して事に当たった。そのようにして、全体の調査が終わり報告書を出すまでに一年半の時間が必要だった。一九二五年三月にまとめられた報告書は『震災予防調査会報告第百号』として刊行されたが、その内容は地震編（甲）、地変及び津波編（乙）、建築物編（丙：上下二冊）、建築物以外の工作物編（丁）、火災編（戊）の五部門に分かれ、それぞれが三〇〇頁を超え数多くの図版が添付されている、全六冊の膨大な報告書である。

その火災編には委員・中村清二の「大地震による東京調査火災報告」、委員・寺田寅彦の「大正一二年九月一日二日の旋風について」の報告がある。中村の報告には東京市内の火災分布が、一万分の一の地形図九枚に示されている。そこには以下の記述がある。

本図は震災予防調査会の命で作成したのである。東京帝国大学理学部物理学科学生中の有志者三十余名が大正十二年九月下旬から十月中旬まで焼失区域の多くの地点に行き火が襲ひ来た時刻と方向とを質問して得たものを材料とした。陸地測量部、警視庁消防部、復興院、明治火災保険会社の諸君からの好意を得た事と学生諸君の努力とを茲に感謝しておく　大正十三年六月　文部省震災予防調査会委員　理学博士　中村清二（原文はカタカナ）

私は当時の学生が調査に参加したことは、何かで読んで知っていたのだが、その時、「最初は徒歩で歩き回っていたのが、途中から「篤志家」が自動車を用意してくれたので効率よく調査ができた」とあったのを記憶していた。大震災直後に自動車を用意できる篤志家とはどんな人か興味があったのだが、この記述からそれは明治火災保険会社ではなかったかと想像している。なお震災予防調査会の記事には、いくつかの企業から調査費用の寄付があったことも記されている。

また寺田寅彦も中村教授の指導を受けて全火災域を調査した学生たちに依頼して、旋風の調査もしたと記している。この時の調査に参加した一人が、後年、気象庁長官を務め、日本の地震予知研究計画を推進した一人の和達清夫である。

地震発生時の火災の恐ろしさを再確認させるに十分な報告書と云える。

一口メモ（五）　萩原少年の旋風目撃

日本の地震予知研究計画を和達清夫、坪井忠二とともに推進した後輩の萩原尊禮は大正関東地震発生時には中学生だった。始業式が終わり帰宅したら地震が発生した。家は隅田川沿いの白髭橋付近で、家で闘病中の祖父を家族で隅田川岸まで避難させた後、一人自転車で被災した風景を見ながら右岸を川下の方へと土手を走った、すると川の反対側、左岸に沿って大きな旋風が地上の物体を巻き上げながら、下流（本所・両国方面）へと移動してゆくのを目にした。上空には黒っぽい紙のような物体がひらひらと浮いており、その物体はやがて地表に落下してきた。紙のように見えたのは屋根を覆っていたトタン板で、多数のトタン板が落下してきた。やがて旋風は下流でさらに大きくなり、多量の物体が吹き上げられた。後日、この時の旋風は火災により発生し、その旋風が被覆廠跡に達し、さらにそこで避難した人たちの持ち込んだ家財道具などに火が付き火災となり多くの死者が出たことを知った。

3　大森房吉の死

関東大震災を今村明恒は大学の研究室で椅子に座っていて、実際に揺れを体験したが、大森房吉はオーストラリア・シドニーのリバビュー天文台で、地震記録を見ながらその発生を知った。七月一〇日に横浜を出航した大森の体調は必ずしも良くはなかったようだが、船内では平穏に過ごしていた。時には同行の人たちに地震談義もしたようで、次の大地震が日本で起こるとすれば東京湾との指摘もしていたようだ。しかし、大森はその発生は六〇年後ぐらいと予測していたが、それが確実に起こるとまでは確信できていなかった(『地震学百年』八七〜八八頁)。

メルボルンでの汎太平洋学術会議を終了した一行はシドニーに戻って来ていた。そのころ大森の体調は悪い方向に向かっていた。九月一日、大森は設置されている地震計を見るために天文台を訪れ、台長との昼食会を済ませて、現地時間の午後一時ごろ地震計室に入った。そこで地震計の前に大森が立ったのとほぼ同時に地震を記録する描針が動き出すという運命的なことが起こったのである。

揺れ続ける針を見ながら、大森は地震の起こった場所を考え続けたことだろう。そしてその地震は日本の東京付近で発生したらしいと予測し、愕然としたようだ。やがてオーストラリアにも東京、横浜が大地震に襲われたというニュースが入ってきだした。体調が思わしくなかった大森にとって、東京での大地震発生のニュースは悲劇的だった。大森は予定を変更して、一行より早く帰国した。

一〇月四日、横浜港に着いた船へは早速今村が駆けつけ、大地震の報告をした。船医の診断では大森の病気は脳腫瘍で、すでに病状は重篤で回復の見込みはない状況だったが、今村との応答のときには意識は確かだった。今村に留守中の労を謝し、自身の責任の重大さを痛感している、ただ「火災に備えて東京市の水道改良について義務を果たしたと自分を慰めている」と語ったそうだ。大森は自宅に戻ることなく直ちに自動車で東大病院に運ばれ入院した。

一〇月五日、第百九回震災予防調査会が地震学教室で開かれているが、大森に関しての記述は残っていない。

一一月三日「大森委員会長を今村委員幹事を仰付らる、是より先、大森委員は汎太平洋学術会議参列中病を得、帰朝療養中の所、此月八日終に薨去せられた。」（原文はカタカナ、原文のまま）と『震災予防調査会報告第百号（地震編）』の事務報告（一四頁）に記されている。最初の部分の意味がよく分からないが、大森に関する最後の記述である。

大地震発生後、「地震を予知できなかったではないか」という批判が、巷ばかりでなく学者の間からも起こった。特に学者からの批判は、地震の記載分類に重点を置いた大森地震学への批判でもあり、「地震の物理的な研究が欠如していたから、まったく予知できなかったのではないか」という内容だった。

これに対し今村は、自分自身何回か地震の大発生の可能性を指摘してきたこと、大森からは世の中に混乱を起こさないように注意されたことなどを新聞記者らに話していた。そして世の中は「今村は地震を予知した地震学者」、「大森は地震を予知できなかったダメ学者」というレッテルをはった。

結論から言えば、私は大森も今村もほぼ「過去の地震発生から次の地震発生を予測する」という同じような考え、手法で東京の地震発生について考えていたと思う。地震は必ず起こるから、その時に少しでも震災を減らす努力が必要で、その一つが地震発生時に火災をいかに防ぐかにあることも、同じ意見だった。その中で今村は「東京の地震発生間隔は百年」として、警告を発し続けていた。大森は「東京の地震の発生間隔を四〇〇年ぐらいと見積もっていた」ようだ。しかし、大地震発生後に「自分では東京の大地震は六〇年後ぐらいと見積もっていた」と発言している。地震発生の周期からはこの数字は出てこない。

ただ大森の頭の中には、すでに元禄一六年の地震（現在では元禄関東地震と呼ばれる）は小田原方面の被害が大きいことから、安政江戸地震とは種類が違うと考え始めていた。これは現在では海溝型地震とプレート内地震と明瞭に区別されているが、大森の頭の中にはその区別が芽生えていたのではないかと推測できる。

雑誌『太陽』への掲載が一九〇五年、それからもたびたび大地震発生が取りざたされ、世の中が大騒ぎしてきたが、一八年後に大地震が起こったのである。そしてその時点では今村は脚光を浴びることになった。世の中とはそんなものなのだろうが、私は今村の予測はあたったと云えるかもしれないが関東地震を予知していたとも思わない。日本では地震が起こると云えばいつかは起こるので、必ず当たると云っても過言ではない。その意味では今村は運がよかったのかもしれないし、地震発生時の危険を住民に知らせなければという使命感と執念を持ち続けた結果だと考えている。その後の日本国内で発せられた多くの地震予知・予測で当たったことは無く、今村ほどの執念を示した人もいない。

大森も今村の火消し役に回る立場になっていたので、内心苦しいこともあっただろう。「地震学をつくった男」の価値は、関東地震が予知できなかったからと云って下がるものではない。小田原付近を震源地とする関東地震は起こったが、大森の指摘する東京都内を震源とする地震は、一〇〇年が経過した現在でも発生はしていない。

私が学生の頃、今から六〇年前、日本の地震活動として教えられたことは「太平洋岸ではM8の地震が一〇〇〜二〇〇年に一度、内陸から日本海側にかけてはM7・5クラスの地震が数百年から千年以上の間隔で起こる」というものだった。それから半世紀以上が経過しているが、今日でもその状況は変わらない。そしてさらにその半世紀前に大森はすでに同じ考えを持ちはじめていたのである。

4　地震研究所の発足

大地震発生後、世の中の「大地震がなぜ事前に予測できなかったのか」という批判は大きく、その矛先は震災予防調査会をはじめ地震の研究者たちにも向けられた。特に震災予防調査会は地震現象の物理学的解明をほとんどしていないではないか、これでは大地震の発生を事前に知ることなどできないとの強い批判が続いた。

地震の研究の必要性は多くの識者が認めていたので、一九二三年一二月に東京帝国大学理学部に地震学科を設け、毎年五名の学生を採ることが決まった。萩原によれば不思議なことに大森も今村も学生の教育、後進を育てることはあまりやっていなかったという。また震災予防調査会は地震研究をする組織の拡充を模索していた。

一九二三年一一月二六日の震災予防調査会第百十回委員会では、調査会のその後の採るべき方針と拡充計画が議論されている（『震災予防調査会報告　第百号（甲）』一四～一七頁）。拡充計画については特別委員も置いて検討している。その骨子は本部研究所、東部研究所、西部研究所を設け、東部研究所には四ヵ所、西部研究所には三ヵ所の付属観測所を設けること、本部研究所では第一部で地震の理論や統計、第二部では地震計測、第三部では地震工学の研究をする、人員は名誉職と称する会長、幹事、評議員三六名と技師、技手など一〇四名だった。それまでの体制は事務局と三〇名前後の委員だけで運営されていたが、新体制ではそれらの委員は名誉職と呼ばれ、実戦部隊として六〇名前後の技師や技手が加わり、雲泥の差のある計画だった。総予算はほぼ四二五万円だったが、当時の震災予防調査会の経常費が年額三万円程度だったことを考えると、とんでもない高額の予算が要求された。

この素案には今村幹事の意見が強く反映され、まさに彼の理想とする地震研究・観測体制案と云ってもよかった。今村が観測を重視し、観測所を設けることを考えたのは、地震の調査、研究には当然のことだった。ただ現在の日本でも急に巨額の予算を要求しても認められることはほとんどないが、当時は貧乏国だった日本にとっては全く不可能な事案だった。今村は持ち前の頑固さから、この計画書を文部省に提出したまま、一切の妥協はせず時間だけが流れていった。

震災予防調査会の欠陥に気が付いた二人の識者から新しい地震研究所の話が出てきた。東京帝国大学造船学科の教授の末広恭二は船体の振動に関する権威の立場から、地震には関心を持ち続けていた。末広は三菱造船会社の研究所長を兼ねていた。もう一人の寺田寅彦は理化学研究所の主任研究員であった。

この二人は地震学の基礎的研究と防災の研究に重点を置き、全国から優秀な研究者を参加させ、育成しようと考えていた。今村案よりはるかに規模は小さく、具体的だった。東大総長古在由直や貴族院議員で理化学研究所の所長大河内正敏らの努力で、一九二五年一一月に東京帝国大学付置地震研究所が発足することになった。

泊氏の『日本の地震予知研究130年史』(一三四頁)には、末広や寺田が具体的に何をしたかという資料が見当たらないと記されている。私の想像だが二人は、当時のそれぞれの上司、古在や大河内への進言が功を奏したのではないかと思っている。書いたものでの依頼ではなく、日常の会話からの依頼だったのだろう。

地震研究所の発足とともに末広は初代所長に就任した。地震研究所は理念としては震災予防調査会の流れをくむ組織が含まれていた。東京帝国大学に付置はしているが、あくまでも日本の地震研究所というタテマエだった。したがって所長は東京帝国大学を含む各帝国大学の教授の中から文部大臣が任命し、教授・助教授の所員はやはり各帝国大学の教授・助教授から、あるいは関係省庁の高等官から文部大臣が任命していた。東京に地震が起こるたびに東大地震学教室と震源地決定の争いを続けていて仲の悪かった中央気象台の当時の台長だった藤原咲平も地震研究所の所員になっていた。

地震研究所では所員は教授・助教授に限られるので学部の教授会に相当するのは所員会と呼ばれていた。私が学生で地震研究所に出入りし始めたのは一九六一年ごろからだったが、当時も教授会ではなく所員会と呼ばれていた。印象的だったのは研究所の会議室に歴代所長の顔写真が並んでいたのだが、その中に所長ではない寺田寅彦の写真があったことである。寺田は地震研究所の設立にそれだけ重要な役割を果たしていたのだ。

専任の所員として造船学科の妹沢克惟、三菱造船の研究所から石本巳四雄を助教授として招いた。妹沢は理論を駆使して、震動論の研究を進め弾性波運動方程式を解くなど、理論地震学の基礎を築いていった。また石本は東大の実験物理学科を卒業後、フランスに留学して音響学を学び帰国したばかりだった。二人とも地震には全くの素人だったが、新しい研究所で次々に成果を上げていった。

また助手としては坪井忠二らが寺田研究室に所属し、三角測量や水準測量の資料などの解析を行っていた。若い研究者たちがのびのびと研究していた時代と云えるだろう。

地震研究所の建物は安田講堂の裏側に新設された。地上二階、地下一階（一部二階）平面積四五〇平方メートル（床面積一四五〇平方メートル）の小さな建物だったが、地震研究所である以上、地震に十分に耐える設計がなされていた。建物全体が一つの剛体として動くので、日本一頑丈な建物と称せられていた。

図６　地震研究所創立10周年記念の行事に集った人々

余談だが、夏目漱石が寺田寅彦に「君の実験室を見せろ」と云って訪れたのはこの建物だった。

地震研究所の設立により震災予防調査会は発展的に解消し、研究以外の地震防災の普及や啓蒙の仕事を「震災予防評議会」が引き継いだ。

『震災予防調査会報告』は第百号（六冊）が一九二五年三月に発行された後、一九二七年に第百二号が発行され、その役目を終えた。

一口メモ（六）ベートーベンを聞け

東京帝国大学理学部地震学科に入学した萩原尊禮は、教授の今村の定年退官、助教授の松沢武雄がドイツに出張中だったことから、地震研究所の石本巳四雄が指導教官になった。萩原によれば石本は直感を重んじ、人の論文を読むより自分で考え、実験や器械観測に力を入れていた。その影響で萩原も色々な観測器械の開発を続け、「器械の萩原」と呼ばれるようになったのだが、石本からはたびたび「ベートーベンを聞け」と云われたそうである。自分もベートーベンのレコードを何枚か購入し聞いてみたが、どれだけ効果があったのか分からないと云っていた。石本としては、研究

図7　萩原は定年になるまで年1〜2回は研究室の若手とスキーを楽しんでいた

の壁にぶち当たったときの精神的落ち着きや気分転換の効果を伝えたかったのだろう。石本の音楽については「音楽を語ると云えども、ベートーベンの第九（運命）のみ」と評する人もいたそうだ

が、弟子たちには趣味を広げることを奨励していた様だ。ちなみに萩原は学生の私たちや研究室の若手研究者たちにその類のことを云ったことは一度もなかったが、毎シーズンに一〜二回はスキーを一緒に滑った。

5 寺田寅彦の慧眼

寺田寅彦は一八七八年の生まれで、大森よりは一〇歳若い世代だったが、震災予防調査会の委員を長く勤め、広い視野と鋭い観察力と洞察力を持っていたことは、残された多くの随筆からも伺うことができる。一九一六（大正五）年三月の『現代之科学』（『寺田寅彦全集』第一巻に収録、岩波書店、一九六〇、一八〇〜一九五頁）には「自然現象の予報」という一文が載っている。

その冒頭で「自然現象の科学的予報については、学者と世俗との間に意志の疎通を欠くため、往々にして種々の物議をかもす事あり。また個々の場合における予報の可能の程度等に関しては、学者自身の間にも意見は必ずしも一定せざる事多し」とある。

一〇年前に起きた今村の雑誌への寄稿、その後の今村－大森の論争などが頭の一隅にあったことは間違いないだろう。

現代の日本では大地震発生説や火山噴火など、学者が気軽に発言している。例えば、

「大地震は切迫している。」

「宝永の噴火から三〇〇年が経過している。富士山の噴火は近い。」

などをはじめ、メディアに出て自説を展開する研究者は少なくない。寺田の文章は一〇〇年後の今日でも、我々に十分通じる警鐘である。


寺田はまず天気予報に言及している。大正初期の天気予報は現在の予報とは比較にならない初歩的な内容だったが、各気象台や測候所で観測された気圧や気温など気象要素のデータがあるから、それらを物理学的に解析して、天気予報（未来予測）ができると解説している。当時の天気予報は広い地域で「晴れ」か「雨か」を予測する程度で、狭い地域での予測はできなかった。それは狭い地域の予報が出せるほど測候所の数、言い換えれば気象要素のデータが十分ではなかったからである。

続いて「次に地震予報の問題に移りて考えん。地震の予報ははたして可能なりや。天気予報と同じ意味において可能なりや」（同、一八九頁）と地震予報について筆を進めている。地震の発生については分かっていないが「ともかく地殻内部における弾性的平衡が破るるときに起きる現象」と、的確に記している。しかしながら天気予報の時の気象要素に相当するようなデータがないので、「この点においてもすでに天気の場合と趣を異にするを見る」と断じている。地震予報に必要な地殻内部の情報がほとんどないので、天気予報のようには地震予報は出せないとの主張

で、その状況は現在も変わらない。

「地殻の歪みが漸次蓄積して不安定の状態に達せる時、適当なる第二次原因たとえば気圧の変化のごときものが働けば地震を誘発することは疑いなき者のごとし」と続けている。第二次原因として挙げている気圧の変化が地震の引き金になる可能性を寺田はかなり調べているが、現在ではその可能性を考える人はいないと思う。しかし歪みの「蓄積→破壊の発生」の一連のプロセスは現在の地震学でも研究され、観測をしているところである。データが蓄積されても、地震発生の予測ができるまでには至っていない。

この二つの条件が解明されても、地震の発生時間を予測するのは極めて難しいと、寺田は彼自身の地震現象を見る本質を述べている。歪みがどこまで蓄積したら地震が起こるのかは分からないので、正確な予報はできないのだ。「自然現象の予報」では述べていないが、寺田は地震現象は一種の確率現象と考えていた。確率現象とは例えばゴムひもを両手で引っ張り続けたとき、どこで切断するかを予測することはできないのだ。均質なゴムひもなら延びているどの部分が真っ先に切れてもおかしくないので、どこで、いつ切れるかが分からない。地震もそれと同じで、地殻内での岩盤の破壊という地震現象は本質的には確率現象で、その発生を予測することはできないのだ。この話は第6章でもう一度議論する。

さらに寺田は以下のように記している。

もしかりに「きたる六七月のころ、東京地方に破壊的地震あるべし」との予報が科学的になし得られたりと仮定せよ。これが充分の公算を有する事が明らかなれば市民は充分の覚悟をもって変に備うべし。次に「今後五〇年内に日本南海岸のうち一部に強震あるべし」という事がよほど確実なりと仮定せよ。この予報は各個の市民に撮りてはいくぶん漠然たる予言者の声を聞くがごとき思いあるべし。五〇年は個人の生命に対してあまりに短からず。その間に個人の生命も住所もいかにあるべきか明らかならざるなり。しかれども日本政府の目より見れば五〇年は決して長からず、南海岸は邦土の一部なり。この予報がなし得らるればこれによりて国家が亨くべき直接間接の利益は少なからざるべし。（同、一九三頁）

あたかも現在の「三〇年長期予測」を見越したような記述である。五〇年が三〇年と短くはあっても、多くの市民にとっては「先の話」となることは変わりないであろう。

現在の地震学や地震対策は、一〇〇年前にすでに寺田が示していた危惧を、後追いしているようなものと云えないだろうか。研究者一人一人が原点に立ち戻る必要があるが、寺田のこの文章を読んで自分自身を顧みられる研究者がどのくらいいるのかも気になるところである。

現在の言葉にすれば「寺田寅彦は地震を予知することは原理的に不可能」と考えていたので、地震発生に伴う災害の軽減に力を入れていたのである。また地震の随伴現象にも興味を持っていた。地震の前に鯰が騒ぐ、雉が鳴くなど古来から言われている随伴あるいは宏観現象（一口メモ

（一三）参照）は、ともすれば地震予知に使えると考えられ研究されていた。しかし寺田は、それらの現象が地震と本当に関係があるのかどうか、その原因究明には興味があったようだが、それが地震予知に使えるとは考えていなかったとその随筆などから私は推測している。

地震研究所が発足後の寺田について、萩原尊禮はその著『地震学百年』（九一頁）で次のように述べている。

筆者（萩原）が地震研究所の助手の頃、先生（寺田）は木曜日に来られて会議室で皆と昼食をともにされた。面白い話をたくさん聞かせていただき楽しみであったが、実は皆の反応を見て、受けたところを早速随筆に書いたようで、われわれはどうも実験台であったらしい。弟子にやさしく慈父のような感じがしたが、ご本人は「弟子には無限の忍耐がいる」と漏らしていたという。

私が地震研究所に出入りし始めたのは寺田の死後三〇年が経過していたが、萩原の口からは「寺田先生が……」と先生が付けられて、いろいろな話をしていただいた。その一つが以下の話である。

一九三一（昭和六）年に満州事変が起きてから、日本国内では軍部が台頭し横暴を極め、東

図８　1929 〜 30年頃の地震研究所内のスナップ写真。前列向かって右から、石本、寺田、後列右から萩原、水上武（火山学）、河角広（河角マグニチュード）。

海道線の中で軍人が抜刀して暴れ回たというような事件が起こり、国民は心配し嘆いた。そんな時、一九三五年、陸軍省軍務局長の永田鉄山少将に寺田は直接意見を具申した。「日本の学問は欧米に比べて十年遅れている、軍部の学問（科学技術）はさらに十年遅れている」と伝え、永田もその趣旨を理解したそうだが、その直後、陸軍省内で相沢三郎中佐に斬殺されるという、いわゆる相沢事件が起きてしまった。寺田もその年の一二月三〇日亡くなった。翌年には二・二六事件が起き日本は戦争という暗黒の時代に突き進んだのである。（『地震予知と災害』四五〜四六頁）

一口メモ（七）　教授の趣味

寺田寅彦は吉村冬彦のペンネームを持ち、文豪夏目漱石の門下の文人科学者だった。多くの随筆を残し、俳句をたしなみ、絵も描いていた。弟子のひとり中谷宇吉郎は後年北海道大学に低温研究所を創設、雪の研究のパイオニアとなった。中谷は文筆にも優れ「雪は天からの手紙」なる名言を残した。私の想像だが、この言葉は地震研究所で寺田が石本から聞いたレオナルド・ダ・ヴィンチの言葉「インストルメント（観測器械）は自然への窓」がもとになったのではないだろうか。石本はこの言葉をフランスに留学中に知ったのであろう。寺田は弟子たちにこの名言を伝えたのだと想像している。そして中谷も当然その話は聞いていたと思う。中谷は絵画も描き、その弟子の何人かも絵が得意な人がいた。教授の趣味が弟子たちにも伝わった例である。

今村明恒は書がうまく、将棋も好きだったようだ。今村のあと地震学教室の助教授、教授となった松沢武雄もまた将棋が好きだった。昼休みなどに、学生に対して「インスツルメント（将棋の駒の意）はありますか？」と誘い、対局を楽しんでいた。

6　大戦中の大地震

地震研究所が発足して間もなくの一九二七（昭和二）年三月に「北丹後地震」（M7・5）が発生した。郷村断層、山田断層という直行する二つの断層が現われ、地震研究所の若き研究者たちは、調査に、解析に頑張った。地殻変動に関する報告が多く、地震現象解明への新しい息吹が感じられる。

一九三〇（昭和五）年二月から五月にかけて、静岡県伊豆半島の伊東付近で群発地震が起きた。地震研究所では伊東を中心に相模湾沿いに南北の水準測量を繰り返し、伊東付近が刻々と隆起する様子を捉えた。

一九三〇（昭和五）年一一月二六日「北伊豆地震」（M7・0）が発生した。伊豆半島の中央部から北の箱根芦ノ湖まで延びた総延長三五キロの断層が現われ、丹那盆地では左横ずれのくい違いの長さが最大二～三メートルで、現在でもそのずれは保存されている（一口メモ（一）参照）。断層は掘削中の東海道線丹那トンネル内にもくい違いを生じた。このため地震研究所の観測班はトンネルの中とその上部に地震計を設置して余震観測をして、新しい知見を得ている。地震に伴った発光現象の調査や、地震記録の初動方向の分布なども調べられ、新しい地震学研究の方向性が出てきた地震だった。一九三三（昭和八）年三月三日、「三陸沖地震」（地震8・1）は、地震研究所発足後初めての巨大地震の発生だった。震害はなかったが流失家屋四〇三四棟、死者・行方不明者三〇六四名を数えた。地震研究所のこの地震に関する調査・研究結果は『地震研究所彙報別冊一』にまとめられている。地震研究所が発足してから初めての別冊の発行であったが、合計二五〇頁の報告に三二一枚の大型の図や写真が付いた論文集である。

その後も日本国内で被害を伴うような地震が起こると、余震観測や水準測量などを繰り返し、『地震研究所彙報』に研究報告が発表されている。震災予防調査会の時代は、人員もおらず観測機器もなく、地震が起こっても単なる現地調査と数少ない気象台や測候所の地震記録からの解析だった。いわば「待ち」の姿勢から積極的に観測に出る「攻め」の姿勢で、地震現象の解明ができるようになったことが、国としての進歩と云えるだろう。

そんな中、日本は太平洋戦争に突入して、いわば暗黒の時代に入った。戦況が思わしくなくなった一九四四年一二月七日、「東南海地震」（M7・9）が起こった。被害は静岡、愛知、三重の三県におよび、『理科年表』では死者・行方不明者一二二三人、住家全壊一万七五九九棟、半壊三万六五二〇棟、流失家屋三一二九棟、津波は熊野灘沿岸で六〜八メートル、遠州灘沿岸で一〜二メートルだった。名古屋重工業地帯に大きな震害が出たようだが、軍事機密という事ですべての資料は公開されなかった。

また東大を退官していた今村明恒の要請だったが、陸地測量部が静岡県下で水準測量を繰り返していたが、いつもは収束してゆく数値が安定せず、測量者たちも不思議に感じていたときに、地震が起きた。この事実からプレート境界の地震では発生前に地殻変動が起こり、地震の発生を予知できるだろうという期待が出てきて、後年の「大規模地震対策特別措置法」を後押しすることになった。

翌昭和二〇年八月の終戦時、秘密を守る観点から、政府からいろいろな書類の破棄命令が出された。地震研究所では東南海地震の調査資料がその命令を忠実に守った職員の手によってすべて焼却されてしまった。

また地震からほぼ三〇年後になって、この地震では震源地に含まれている駿河湾沿岸の被害がほとんどないので、実際には、現在の駿河トラフと呼ばれる海域は震源に含まれないのではないかとの意見が出され、東海地震発生説が浮上した。いろいろな意味で歴史的地震だった。

一九四五（昭和二〇）年一月一三日、愛知県三河湾付近で「三河地震」（M６・８）が起きた。東南海地震から一ヵ月後の事なので、住民は驚いたことだろう。三河湾北部に直行する二本の断層が現われ、死者二三〇六人、住家全壊七二二一棟、半壊一万六五五五棟とM７程度の大きさの割には大きな被害が出た。地震研究所では余震観測を実施しているが、その結果の発表は翌年、つまり戦争が終わってからだった。当時は震災地域の調査でカメラを持参するにも注意が必要だったそうだ。アメリカの敵前上陸に備え、海岸のあちこちに大砲が設置されている時代だった。軍部の許可をとっての現地調査だったが、うっかり被災地を撮影しているところを軍部に見られると、スパイ容疑がかけられることを恐れたと萩原尊禮は話している。

第３章　地震予知への期待

1　南海地震の発生

一九四六（昭和二一）年三月、日本国内はまだ戦後の混乱が続いていた。そんな時、桜島の火山活動が活発になった。昭和の大噴火の始まりである。地震研究所には軍隊にいた何人かの研究者たちが除隊して戻ってきていた。萩原尊禮も復員してきた若手を引き連れ、満員列車に観測器械とともに乗り込み、鹿児島に行き桜島の有村部落の民家に泊まり、観測を続けた。

三月九日から溶岩の流出が始まり、四月五日に東側に流れた溶岩は黒神海岸にまで達した。黒神は大正の噴火では集落が完全に埋まってしまったところである。溶岩の流れは南にも向かい、有村集落も危険にさらされ、宿泊している民家の人たちも心配をはじめたが、萩原は「溶岩流は軒先近くまでは流れてくるかもしれないが、この家がつぶされるようなことは無いと」と安心させたそうだ。特別根拠は無く一種のカンで話したようだが面目を施したと語っていた（『地震予知と災害』五七～五八頁）。

この時の萩原の主な仕事は、食料の調達だったそうだ。「海軍を除隊してきた連中は贅沢で、サツマイモの沢山入っているご飯は食べられない」と文句を言う。だから自分はヤミ米を買うために歩き回ったと述懐していた。日本中が飢えていた時代で、人が集まれば食べ物の話が必ず出ていた。

火山噴火に関していえば、桜島の昭和溶岩流出とともに、忘れてならないのが北海道有珠山の活動で、昭和新山の出現である。一九四四（昭和一九）年から四五年にかけて、畑の中に高さ四〇〇メートルの山が現われたのだが、これも軍の機密事項で一般に知らされたのは戦争が終わってからだった。

一九四六（昭和二一）年一二月二一日「南海地震」（M8・0）が起きた。地震研究所の萩原らは「ただちに地震観測、土地の伸縮や傾斜観測の準備をして荷物を送り出した。観測資材一式すべての荷物を荷車に積み東京駅まで運び、鉄道便で四国まで送るため、そこで貨車に確実に乗せてくれるよう交渉するのです。すべてを発送した後、私たちも一二月二九日に東京を出発し、その日は岡山泊まりで、翌三〇日の一番列車で岡山を出発、その日の夕方徳島市に着きました。徳島に着き、泊るところがないだろうから、警察署に泊めてもらおうと訪ねたところ、すでにバラックですが旅館が復旧していたのには驚きました」（同、五八〜五九頁）と苦労して現地に向かったことを記している。

長々と引用したのは、混乱期にもかかわらず、とにかく余震の観測をしなければという使命感と、当時の交通事情を理解してほしかったからである。現在は大地震が発生しても、ほとんどの場合、改めて余震観測をしなくても既存の観測点で十分にデータが得られるようになった。したがって現地で何が起こったかを知るための現地調査には行っても、観測に行く人は少ないようだ。しかもこんな苦労をしてまで、観測に行くのか、地震発生直後に行かないで情報が得られるのか、など疑問が出されるだろう。萩原はこの時の出張観測について以下のように記している。

物のない時代でしたが、地震観測をしておいてよかったと思うのは、このような大地震にもかかわらず、大地震に応じた地殻変動はあったのですが、四国の南の海域では余震は全く起こっていないことがわかったことでした。つまり本震が今でいうヌルヌル地震（サイレントアースクエイク）だったのです。苦しくても、つらくても、できることは何でもやっておくと役に立つものだと痛感しています。（同、六三頁）

この余震観測の重要性は地震研究所の仕事というより地震学の重要なテーマで、その後も大地震が起こるたびに続けられた。一九六一（昭和三六）年八月に「北美濃地震」（M7・0）が起こった。大学院一年生の私は夏休みで旅行をしていたが、帰宅して地震研究所に出てみると、職員の人たちは余震観測の準備で多忙を極めていた。私は技官の人と一緒に岐阜県美濃白鳥に行き、地震計を設置することになっていた。

持参する地震計は萩原が開発したＨＥＳ地震計（通称ヘス）だった。上下動地震計は水平動地震計よりやや大きいが、それぞれ縦三〇センチ、横五〇センチ、高さ四〇センチ程度の大きさで、現在の二段重ねでりんごが一〇キロ入る段ボール箱を二つ重ねた大きさより一回り大きかった。さらに記録計は上下動地震計の梱包より一回り大きな木箱に入っていたし、その補助ドラム、別梱包の地震計の重りなど、持参する荷物は合計一〇梱包、総重量は一〇〇キロ近かった。ヘスは元来観測所に設置して使う目的で開発された。その後に設置された地震研究所の数カ所あった観測所にはすべてヘスが基本の地震計として設置されていた。大型なので余震観測のように機動性を求められる観測には向いていなかったが、高倍率の観測ができるので、余震観測にも使われていた。

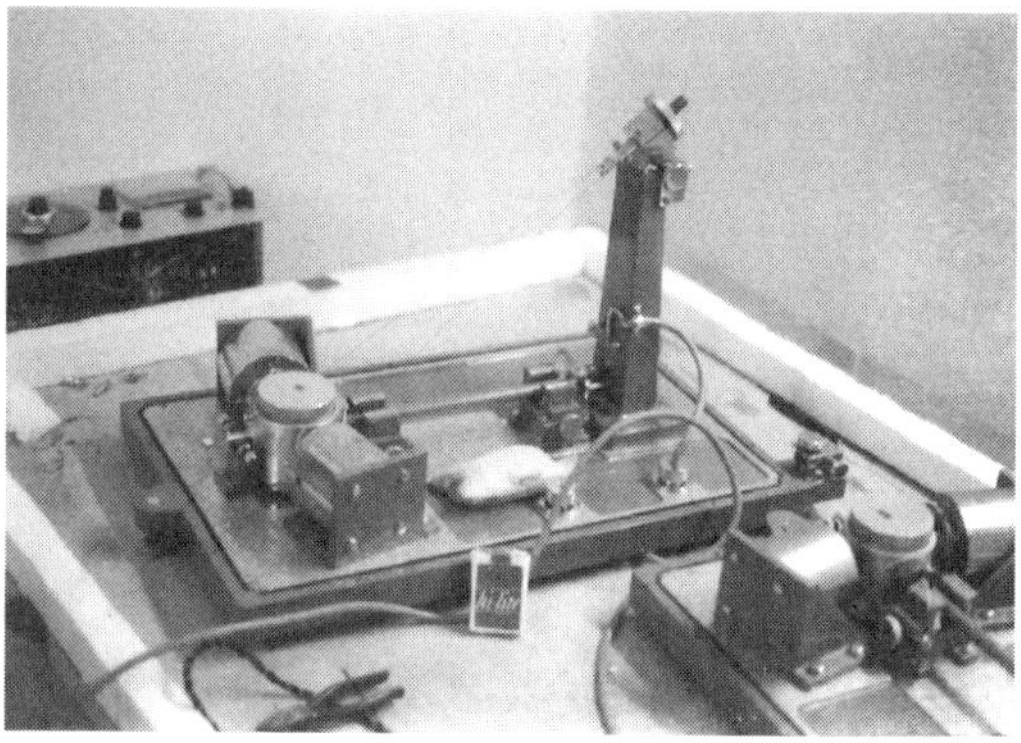

図9　カバーをはずしたHES水平動地震計。水平2成分と上下動の3台の地震計が1セットとなる。

梱包した一〇個ほどの荷物を依頼した業者の三輪トラック（四輪トラックに積むほどの量ではない）に積み、荷物と一緒に東京駅に行き、担当助役に夜行で岐阜に行くことを告げ、必ず私たちが乗る列車の貨物車に乗せてくれるように頼んだ。そして夜行便に乗るべく東京駅に行き、自分たちの荷物を確かめ、さらに岐阜駅では到着とともに貨物車に行き駅員を手伝い荷物を下ろした。それを駅の手押し車二台に載せ、東海道本線のホームから高山線のホームに運び、最終的には当時の越美南線（現在の長良川鉄道）で美濃白鳥まで運んだ。

このころの私は地震学とは体力勝負の所で、一番うまくなったのは荷造りだと冗談を云っていた。地震観測に自動車が使えるようになってきたのはその翌年ごろからで、東名、名神高速道が開通して、フェリーを使えば四国や淡路島でも自動車を使って観測に行けるようになった。地震計も小型軽量化が図られていった。

萩原たちの南海地震の傾斜計の観測は半年間続けられた。一人の若い技官が、室戸岬近くで観測を担当したが、その人は食料の配給を地元でもらうため、住民票を現地に移したそうである。彼が帰郷したのは七月になってからだった。真冬に東京を出発した時は、もちろん服装は冬支度だった。宅配便などは無く、郵便事情も悪く、自宅から夏服を送ってもらうこともできず、もちろん現地での購入などもできなかった。出発した時の冬服で帰京したと語り継がれていた。

南海地震は今村明恒がもっとも心配していた地震である。今村は関東地震以後、ますます地震予知の必要性とともに、それが可能であると考えていた。一九三〇年に東大を定年退官した後も私財と民間からの寄付などで、紀伊半島から四国にかけて観測所を設けていた。和歌山市の観測所は今村の次男久氏が、教師をしながら観測を続け、最後まで維持されていた。私も訪れたことがあるが、和歌山市内の電車通りに面しており一九六〇年代前半の当時でも必ずしも、地震観測に適した場所とは思えなかったが、今村が設けた頃の地震計の性能や生活条件などから、建設場所が決められたのであろう。日本の地震予知研究計画が始まってからは、この観測所は地震研究所の支所として、場所も移して、現在まで維持されている。

今村は水準測量をはじめ土地の伸縮や傾斜など、地殻変動の観測を続けることによって地震の前兆現象を捉えられると信じていた。したがって大戦中にもかかわらず陸地測量部に依頼して静岡県下で水準測量を実施してもらっていたのだが、残念ながらその最中に東南海地震は発生してしまった。

和歌山を中心に今村が設けた観測網も、終戦前後の混乱で十分な観測ができていなかった。とにかく観測に使う記録紙のような消耗品も不足し、地震がない時の記録紙は煤付けをし直して二回、三回と使い回さねばならない環境だった。観測機器に不具合が生じても修理に行く人もいない状況で、欠測していた観測所もあった。

そんな状況の下で南海地震が起こってしまった。この地震発生を「間に合わなかった」ともっとも悔やんだのは今村であるが、地震研究所の所員の中にもその空気があったようだ。次の大地震は南海道であろうという事は何となく分かっていた、あるいは予測していた人が少なからずいたのである。

現在の知識ではこの時の東南海地震と南海地震は二年間の間隔を置いて起こったペアの地震と解釈されている。一八五四（安政元）年一二月二四日と二五日の「安政東海地震」（M8・4）と「安政南海地震」（M8・4）はおよそ三〇時間の間隔で起きていることは、当時の人たちも頭にあったようなので、大地震の発生を心配しても当然だったかもしれない。

今村は欠測中の観測点を維持する努力をするとともに、大地震発生の可能性を新聞にも訴えていた。そんな経過があったので地震発生後は、今村は南海地震の予知にある程度は成功したと新聞には報じられた。

また地震後には多くの関連現象が報告され、その中には前兆ではないかとの現象も報告されている。世の中は何となく地震予知ができそうな空気が、改めて出てきたようである。

現在の目で見れば、今村の一連の行動は、その情熱は理解するにしても、寺田寅彦が一般論で指摘しているように、メディアを含め一般国民との間には、大きな意思の隔たりがあったと思わざるを得ない。ただ今村の熱意が、一八年後の大正関東地震の発生、退官後の約一五年で東南海、南海地震の発生につながったのだと思う。その視点からは若い時は不運続きだったかもしれないが、地震の研究成果の上では今村は幸運な男であったと云える。

2　ＧＨＱの問い合わせ

日本に進駐してきた国連軍の各部隊は、全国に駐屯していたが、彼らを驚かせたのが地震の発生だった。日本人からすれば被害の出るような地震ではないのに、あちこちで大騒ぎが起きていたようだ。ニュージーランドやアメリカ西部の出身者なら地震を経験した人もいたであろうから驚かなかったかもしれないが、進駐軍の多くの将兵や軍属は驚いたようだ。

そんな背景があったので、地震に関する日本の新聞記事もGHQ（連合軍総司令部）には伝わっていた。南海地震が起こると、GHQ側から中央気象台への問い合わせも多くなり、彼らは日本が地震の予知にかなり力を入れ、それなりに進歩していることを理解したようだ。とはいえGHQのスタッフは地震には全くの素人だったので、アメリカから専門家を呼ぶことになり、地震学では世界的に定評のあったカルフォルニア工科大学のグーテンベルグ教授が、一九四七年六月に来日した。彼は中央気象台の地震観測状況を視察したり東大の地震研究所や理学部を訪れたりして帰国した。萩原によればそのころのグーテンベルグは耳が遠く補聴器をつけており、病み上がりで精彩は無かった。

萩原はグーテンベルグがどんな報告をGHQにしたか分からない（『地震学百年』一二七頁）と記しているが、泊氏はグーテンベルグがGHQの関係者と話し合ったときの感想を語ったメモとして以下のように記している（『日本の地震予知研究130年史』一九四頁）。

㈠　日本の地震・火山研究の水準は高いが、関係研究機関の協力は不十分である。
㈡　特に中央気象台と地震研究所の協力が十分でない。前者は十分な観測設備を有しており、後者は優秀な人材を抱えているのに、それを共有しようという意欲が見受けられない。
㈢　地震予知は現段階では不可能であるが、日本は地震予知では特別に有利な場所である。

この時の地震研究所へのグーテンベルグの訪問時の集合写真が残っているが、前列に理学部地球物理学教室の教授だった坪井忠二、今村明恒、グーテンベルグ、地震研究所所長だった津屋弘達の四名が座り、後列には萩原ら地震研究所のスタッフが並び立ち、右端に中央気象台の台長になった和達清夫が立っている。坪井は戦前カルフォルニア工科大学に留学しており、グーテンベルグとは旧知の間柄だった。坪井からはグーテンベルグが日本の地震学や地震観測の現状を知るもっともよい情報を得たことだろう。とにかく前記メモの第二項は的を射ていたと思う。

本書ではあえて触れてこなかったが、大森-今村の時代から、東大と気象台では地震の震源決定などで張り合っていた。今から見れば馬鹿げたことであるが、とにかく一ヵ所の地震記録から震源を決めて発表し、一致した、しないと応酬しあいメディアを賑わせていたのだ。そんな関係から、しっくりいかなかったのだが、戦後の人身刷新もあり、そのわだかまりが消える端緒になったのが、一九六五年の松代地震以後に発足することになった地震予知研究連絡委員会の設立だった。

GHQは地震予知に関連する諸観測は膨大であり、高額な予算も必要となるから各省庁が協力するようにと指導して、何回かの準備委員会が開かれた。一九四七（昭和二二）年七月一〇日に開かれた準備委員会の冒頭、会議に初めて出席した今村明恒は、次のような挨拶をした。萩原の著書にも何回か紹介されているが、改めてここでも紹介しておく。

ご承知のように自分は地震の予知に深い関心を持ち、一生をその仕事に捧げてきたが、自分の努力が報われることは無かった。私の息のあるうちに、このようにはっきり地震予知と銘うった会に出席できることは夢にも考えていなかったことで、こんなうれしいことはない。私はもはや棺桶に片足をつっこんだ人間でなにもできないがどうか諸君はしっかりやってくれ。

図10　1947年6月、来日していたグーテンベルグが地震学研究所を訪問した時の記念写真。前列向かって左から坪井、今村、グーテンベルグ、津屋（当時の所長）。立っている右端は和達。

今村はその後、半年もたたないうちに七七歳で逝去された。

準備委員会では地震予知に関する各省庁の集まる形を「地震予知研究連絡委員会」として、中央気象台、東大（地震研、地球物理学教室、天文台）、京大、東北大、緯度観測所、地理調査所、海上保安庁水路部、それに今村ら三名が特に認められた者として参加し、総勢二二名だった。八月二九日の第一回の会合で、委員長は和達清夫が選挙で選ばれ、幹事に萩原が指名された。またその後の観測項目や内容に対して白熱した議論がなされた。

その結果の予算が膨大で、ＧＨＱからはこんな大きな予算は現在の日本では認められないと云われ、その後、委員会は各省庁の連絡機関的な役割を演じていた。一九四九年に国内では学術会議が発足し、その傘下に入ったが委員会は予算などの関係から、消滅していった。

このとき委員会に名を連ねていた和達清夫、坪井忠二、萩原尊禮が、一九六五年に始まった日本の地震予知研究計画の推進役を果たすことになる。

3 関東、関西、秩父、新潟各地震発生説

南海地震から一年が経過した一九四七（昭和二二）年一二月一〇日の読売新聞が「関東と関西に大地震の発生説が流布され、人心は動揺している」と報道して、世の中に関東、関西での大地震説が広まった。

関東地震説は内務省地理調査所嘱託の山口生知による「三浦半島先端油壷の検潮儀が一九四七年の四月頃から三〇センチほど水位が低下している、その低下分だけ付近の岩盤は隆起している」というかねてからの主張が、大地震発生の前兆と伝えられた。山口は地震予知研究委員会のメンバーで、同会でも同じ主張をしている。その後東北大学の加藤愛雄が房総半島布良では沈降が見られるので、東京湾は北側が隆起し南側が沈むように傾斜していると発表し、この東京湾の傾斜は大地震の前兆であるとされた。

関西地震説は京都大学教授の佐々憲三が、逢坂山トンネル内に地震予知観測網の一つとして設置した傾斜計、伸縮計の変化が著しいので要注意時期に入ったと、一二月五日に、京都府警察部長を訪れ注意を喚起し、地震対策委員会を早急に開催するように要望したことを、読売新聞がスクープしたのだ。

この二人の地震発生説は、第2章で紹介した寺田寅彦の「学者自身の間にも意見は必ずしも一定せざること多し」のよい例である。山口の場合は、本人が観測事実を話しただけで、別に地震の前兆として話したのではないのに勝手に新聞社が騒いでいるだけという事で、学者の間では問題にはならなかった。

しかし、佐々の提起に対しては翌年一月二二日の第五回地震予知研究連絡委員会で検討された。つまり佐々以外の研究者の意見が出されたのだ。佐々の委員会での説明も「伸縮計観測の異常、微動計観測の異常、三重県上野市井戸水の異常などの現象が京阪地方での地震発生の可能性が増加した点を指摘したのであって、大地震襲来を予測したのではない」とのことだった。伸縮計は観測開始後二ヵ月足らずのデータであるから、学者間の討議になれば、当然異常と呼べるかどうかわからない、現在の知識では観測開始直後のいろいろなトラブルの一つと云えるものであった。

このように山口の場合は、観測結果の発表が受け取る側のことも考えないで、(多分)学会で専門家に話すようなつもりで、新聞記者に話したのが、スクープとなり大騒ぎになったのであろう。佐々の場合は、わざわざ自ら警察署まで出向いて注意を促しているのだから学者としての信念からである。しかし、その注意は佐々一人のデータの解釈であって、ほかの学者の意見は入っていない。佐々独自の考えだけで世の中を騒がせたことになる。

一九四八（昭和二三）年六月九日の第七回地震予知連絡委員会が開かれ、その席上で中央気象台の井上宇胤が「大地震の余波について」という自分の研究を発表した。萩原尊禮は「その発想は奇抜で神がかっていた」と述べている。そこで、萩原がからかい半分に「お説によれば次の地震はどこで起きますか」と聞いたところ、井上は福井か秩父と答えた。その時の出席者は井上の説を聞いただけで、真剣な議論はなされなかった。

ところが、それから二週間後の六月二三日に「福井地震」（M7・1）が起こり、中央気象台では井上の地震発生説が当たったと大騒ぎになった。新聞も取り上げ、次の秩父地震について世の中の関心が集まった。読売新聞は井上の話を直接聞ける講演会を開催し、その席上で井上は話の冒頭に「自分の仮設」と断って、話し始めたが、聴衆は「八月末から九月初めに秩父山中で家が壊れる程度の地震発生」にだけ関心を寄せ、大騒ぎになった。

中央気象台内でも井上説の信憑性の精査が行われたが、その結果は秩父説に否定的だった。七月二四日の第八回地震予知連絡委員会では、井上説の検討が行われ、その手法にも疑問がもたれた。つまり学者間でも意見の一致は無かったのだ。そこで井上も誤りを認め、委員会も現段階での地震予知の難しさを、それぞれ発表して事を収めた。この件は中央気象台内での意見も統一されていなかったようだが、やはり個人が学者間の意見一致もなく自説を発表したことに原因があると云える。メディアに話すときは、自身とメディアの目的の違いを十分に理解する必要があることを示している。

東北大学理学部地球物理学の教授だった中村左衛門太郎は福井地震発生後、福井県から秋田県に至る日本海沿岸で地磁気伏角の測定をしていた。大地震発生前後に地球の磁場に変化があるのではという田中館愛橘以来の考えに基づいた測定である。測定は地震後の七月、九月、一二月の三回にわたり実施し、新潟市で伏角の大きな変動が測定された。中村は過去の大地震の例から近いうちに新潟でも大地震が発生する可能性があると、新聞記者に話した。中村は一九四九（昭和二四）年二月にも同じ測定をして、新潟の伏角変化が止まったので地震の発生は近づいていると話したので大騒ぎになった。

一九四九（昭和二四）年三月二六日の第一〇回地震予知連絡委員会では中村の測定結果について議論された。中村は地震予報を出す必要性を熱弁したようだが、その姿はその直前に亡くなった今村明恒を彷彿させる。しかし学問的には、一つの警告ではあっても、ただちに地震が起こるという事は云えないとの結論にまとめられ発表された。その年の九月にも中村は新潟市で伏角の測定を行い、地震が近づいていると発表したが、ほとんど報道されなくなっていた。

4　福井地震

福井地震の発生後、気象台の中でも地震関係者が過去のいくつかの大地震について、井上の説に従って調べた結果、彼の主張の通りにはならなかった。井上説は福井地震を予知したことにはならないことが明らかになったが、話題になったタイミングが地震発生直前だったため、予知ができたと世の中に伝わってしまった。地震の発生とともにGHQは当時の国鉄に命令を発し車輛一両を地震の観測調査をするために用意し、地震研究所や東大の観測班を東京から福井まで運んだ。

この地震はM7・1なのに死者は三七六九人、家屋の全壊三万六一八四棟、半壊一万一八一六棟、焼失三八五一棟を数え、土木建築物の被害が多かった。三七六九人の死者数は、その後に発生した東日本大震災、阪神・淡路大震災に次ぎ、第二次世界大戦後では三番目の多さである。震源の深さは二〇キロと浅く、震害は福井平野周辺に限られていた。調査隊は水準測量や三角測量を繰り返して、地変を測量していった。厚い堆積層のために、地表には現れていなかったが、地割れなどから丸岡の西側に、南北に二五キロにわたり断層が認められた。東側の丸岡付近では最大四〇センチの隆起、西側では最大九三センチの沈降があり、水平方向の移動は左横ずれで最大二メートルだった。

福井市付近の震度調査では狭い範囲だが「震度6」の地域があった。ところが被災地を精査してみると、すべての家屋が全壊している地域が、何か所も認められた。その惨状は「震度6」では表せないと、中央気象台は震度階を改正し「震度7」を加えることにし、一九四九年から運用を開始した。

そのころの震度は気象台や地方自治体の職員が体感で決めていた。しかし「震度6」も「震度7」も大揺れだから、実際には体感では区別するのは難しい。そこで「震度7」は、地震後の現地調査で、家屋の倒壊率が三〇%を超える地域があったらそこの震度を「震度7」とすると決めた。この震度階は阪神・淡路大震災まで使用され、同地震の「震度7」の地域は、地震後の現地調査で決められた。しかしそれが大きな問題になったのだが、詳細は第5章第1節で述べる。

福井地震では地震学上の大きな発見もあった。余震観測班の一つの観測点を受け持った東大地球物理学教室の学生だった浅田敏、鈴木次郎の二人は石川県山中温泉の小学校の庭に観測ネットを張り地震観測を実施した。物の無い時代だったが、彼らは創意工夫をして初めての電磁式地震計を開発して観測を続けた。その結果、それまでは気が付かれなかった非常に小さな地震を観測することに成功した。

当時はまだ地震のマグニチュードという概念はなかったが、地震現象には現在の小地震、微小地震クラスの非常に小さな地震が存在することを初めて突き止めたのである。苦労しての出張観測だったが、それだけの成果が出たのだ。南海地震の余震観測で萩原尊禮が回顧しているように、できることは何でもやることが新しい発見に結びつくのである。手間のかかる測量を繰り返した結果、地表には現れなかった断層の存在も確認できたのだ。測量をしなければ、ただ「畑や田んぼの中にたくさんの亀裂が現われた」という報告で終わってしまうところだった。あえて云えば、地震予知に理解を持ったGHQのあと押しのおかげでもあるだろう。

マグニチュードという概念はなかったと書いたが、地震研究所教授の河角広は、地震の大きさを決める独自の手法を考えていた。のちに「河角マグ二チュード」と呼ばれるものである。河角は福井地震のマグニチュードを4・2と求めている。その後日本でのマグニチュードはアメリカのグーテンベルグとリヒターが提唱していたマグニチュードを使うようになったが、とにかく日本で起こった地震の大きさにマグニチュードが決められた最初の地震でもある。

なお河角はその後、現在のマグニチュードの決まっている地震の被害地域の広さをもとに、昔の地震のマグニチュードを決めることに心血を注いだ。『理科年表』などで、地震観測のなされていなかった時代のマグニチュードが分かっているのは河角の努力の結果である（一口メモ（三）参照）。

一口メモ（八）　田んぼに飲みこまれた農婦

福井地震では断層線上に地割れが連続的に認められたほか、福井平野のいたるところで地割れや亀裂が生じていた。それまでは地震が発生した時、地割れや亀裂が生じても、一度開いた土地は閉じないと考えられていた。ところが福井地震では一度できた亀裂が閉じたり開いたりすることが明らかになった。また田んぼでは液状化現象もみられた。

田んぼで働いていたはずの農家の主婦が地震後帰ってこないので、亭主が捜しに出かけた。働いていたと思われる場所に来ると田の中に白い手ぬぐいが見えた。近寄ってよく見ると、田んぼで液状化現象が起きて奥さんが手ぬぐいを頭に被ったまま、田の中に飲みこまれるように沈み、息絶えていたのだ。その旦那は、入れ代わり立ち代わり訪れる調査の人たちに同じ話を繰り返していたが、ついには怒りだしたという。

5 地震予知研究計画の発足

地震予知連絡委員会の消滅後は、地震予知に関しては冷却期間だった。中央気象台が地震予知連絡委員会に地震予知のために提出した素案は膨大な予算を伴い、当時の日本の経済事情ではとても実現できる見込みはなかった。大学の研究者たちの間には地震予知の予算をすべて気象台にとられるのではないかという疑心暗鬼もあったようだ。同委員会の最後の方の報告で、地震予知とは発生する地震の発生時刻、場所、大きさの三要素があることが明記されており、研究者の間でも地震を予知するという事がどんなことか、共通理念が醸成されはじめた。

一九六〇（昭和三五）年五月に地震学会では、地震予知研究計画が話題に上り、その後「地震予知計画研究グループ」が組織された。その世話人として、和達清夫、坪井忠二、萩原尊禮が選ばれ、会の運営に当たった。

グループでは地震や地殻変動の観測項目、気象庁、海上保安庁、国土地理院などの現業官庁と予知計画のすり合わせなど、検討事項は多岐にわたった。それらの課題を一つ一つ解決しながら、具体策が練られていった。当時、まず地震の大きさに共通理解を持つために次のような区分けをした。

大地震　M7以上
中地震　M5から7
小地震　M3から5
微小地震　M1から3
極微小地震　M1以下

そしてのちに「ブループリント」と呼ばれるようになった計画の素案を検討した。そして第一年次の計画として次の九項目が挙げられている。

(一) 測地的方法による地殻変動の調査
(二) 地殻変動検出のための験潮場の整備
(三) 地殻変動の連続観測
(四) 地震活動の調査
(五) 爆破地震（人工地震）による地震波速度の観測
(六) 地磁気・地電流の調査
(七) 活断層・活動褶曲などの調査
(八) 岩石破壊実験と地殻熱流量の測定
(九) 地震予知観測センターの設置

地震予知計画は地震現象を捉え、解明するために必要な地球物理学的な観測や測定を日本列島内全域で行うことである。ただその内容は震災予防調査会の発足時とほぼ同じであった。計測器機の進歩で観測精度が上がり、例えば微小地震が予知に役立つかもしれないというような新しいことはあったが、内容的にはほとんど変わりはなかった。地震予知とはそのようなものなのだ。観測や調査で得られる資・試料も膨大になるだろうから、その対応も考え観測センターも設置する計画だった。

図11　1964年3月に開催された日米地震予知シンポジウムの東京での集合写真。東日本在住の主な地震研究者が並んでいる。

この計画では五ヵ年の総予算は三四億円、人員の要求は二八九名だった。

このブループリントは英訳され海外にも配られた。アメリカから坪井宛に日米の地震予知シンポジウムを開催したいとの提案がきた。一九六四年三月、アメリカから七名の地震学者や地質学者が来日して、東京と京都で一〇日間の会議が開かれた。彼らが帰国するとき、アメリカでは日本のように地震予知の目的で大きな予算を獲得するのは非常に難しいと云っていたが、その直後に「アラスカ地震」(M8・4、Mw9.2)が発生し、州都のアンカレッジをはじめ周辺域に大きな被害が出た。このためアメリカ政府も地震予知研究の必要性を認識し始めたと聞いた。

日本の地震予知研究は各機関が協力して一九六五(昭和四〇)年に始まった。五年計画で始まり、その五年間で観測網を整備し、次の五年間では実践的に予知する方法を検討してゆけば、一〇年後には予知に対してある程度の方法が確立されるであろう、つまり予知の研究には最低でも一〇年は必要であると考えていた。計画は五年ごとに更新されて現在も継続されている。

当時の若手、私たちの年代の地震研究者にとって、この研究計画の発足は就職口が得られたという事でも大変ありがたい計画だった。大正関東地震以後、東大をはじめ京大、東北大などに地震学科や地球物理学科が設けられてはいたが、その学生の大学への就職口は極めて少なかったのだ。東大の地震学科を出た学生で気象庁の地震課に就職できれば、大変ありがたかったという時代だった。

研究計画発足で北海道大学や名古屋大学を含め、地震関係の教官は一〇〇名以上増えたと思う。しかし、その後は各大学でも教官の枠があまり増えず、地震を専攻しても研究者になる就職口は極めて少ないようだ。

この状況は日本の未来にとっては極めて憂うべき問題である。地震のような地球の中で起こる現象の解明には、観測が必要である。何年も観測を続けようやく解明される問題はたくさんあり、そのような問題の解決が、基礎的な学問を進歩させるのだが、現在の大学では成果主義で、二〜三年で立派な論文を書かないと評価されない。就職口もままならないのである。地震学、ひいては地球物理学を進歩させるためには学生が就職口も心配せず、じっくりと地球を眺める研究体制が絶対に必要なのだ。

6　松代地震

地震予知研究計画がスタートした一九六五年八月三日から長野県松代町（当時）で小さな地震が起こり始めた。「松代群発地震」の始まりである。

松代町には気象庁の地震観測所がある。第二次世界大戦の末期、日本にとって戦況が悪化するとともに、軍部は本土決戦に備えて準備を始めた。その一つが、皇居や軍の参謀本部を長野県松代町（現長野市松代）に移す計画だった、硬い岩盤のある松代町西条には縦横に横穴が掘られた。天皇、皇后が居住される建物も完成していた。皇居となる建物から掘られた横穴の壕とは通路で結ばれ、容易に地下室に避難できるようになっていた。

終戦を迎え地下壕も地上の建物も無用の長物となったが、硬い岩盤に掘られた横穴は地震計を設置する大変よい場所であることに気が付かれ、この施設が気象庁（当時は中央気象台）に移管され、松代地震観測所が設置された。立地条件が良いので、松代地震観測所は世界でも一級の観測所として評価されていた。例えば東大の地震学教室でも開発した新型の地震計のテスト観測にはノイズの少ない松代地震観測所を使わせてもらっていた。

一九六〇年代の当時はアメリカとソビエト連邦（現ロシア）は冷戦の真っただ中だった。アメリカはソ連の地下核実験を探知するために世界の一二四ヵ所に世界標準地震計を設置するプログラムを実施していた。世界標準地震計とは振り子の固有周期が一秒前後の短周期地震計と、振り子の周期が一五～三〇秒と長い長周期地震計各三成分、合計六台の地震計をひとつのセットとして設置するのである。日本では気象庁の松代地震観測所と地震予知研究計画で地震研究所が設立することになった広島県の白木微小地震観測所の二ヵ所に設置されることになっていた。

そのころ私は大学院博士課程三年生で博士論文を執筆中だった。そして翌一九六六年一一月には閉鎖していた南極昭和基地の再開に伴う観測充実のため、第八次日本南極地域観測隊の隊員として越冬する候補者になっていた。昭和基地の地震観測能力を世界標準地震計の性能に合わせるため、日本で開発した長周期地震計を持参して、設置する予定だった。そのため松代地震観測所に行き、アメリカが行う世界標準地震計の設置を見学し、勉強することになった。

図12　松代地震観測所の地上の建物。向かって右奥が天皇、中央が皇后の御座所、左側が宮内庁の施設として建造されていた（撮影は1980年代）。

六月下旬から七月上旬まで一〇日間ほど松代に滞在して、設置状況を見学して帰京した。設置作業をしていたアメリカ人たちも、七月下旬にはすべての作業を終え帰国した。松代地震観測所では新しい地震計による観測も八月一日には開始した。その直後の八月三日から小さな地震が記録されるようになった。最初は一日数回程度だったが、そのうち頻発し始め、新たに設置した地震計の記録紙にも、地震が次々に記録されていった。八月九日にはその数は一〇〇回を、九月二八日には五〇〇回を超えている。

また揺れを身体に感じる有感地震の回数も一日に一〇回を超えるようになった。小さな地震の群発は、地元住民にはその先の不安をあおった。住民は皆その群発地震が大地震の前兆ではないか、群発地震はいつまで続くのかなど、地元からの問い合わせは松代役場や地震観測所を悩ませた。

気象庁から地震発生の連絡を受けた地震研究所はすぐ行動を起こした。地震予知研究計画では研究推進の実戦部隊として余震観測班や移動観測班の組織も作られつつあった。群発地震の活動推移を見守ることは、地震予知研究でも大きなテーマだったので、地震研究所は総動員体制で地震や測地の観測網を張り、現地での観測や調査を続けた。これらの観測調査体制は一〇月にはすべて整った。

記録紙はどんどん蓄積されてゆくが、地震記象の読み取りは現地ではできない。最初の頃はたまった記録紙を東京に帰る人に持たせたり、国鉄（当時）の長野駅に持参して上りの最終列車の車掌さんに頼み上野駅まで運んでもらい、職員が受け取り、地震研究所に持ち帰りすぐ読み取りをするというような状況だった。

地震活動が終わらないので、その後、松代町や長野市内では揺れるので怖いという職員の希望で、上田市に分室を設けて地震の読み取りを実施したりした。読み取った結果はやはり最終列車の車掌さんに頼み、上野駅に届けた。当時は地震研究所には電子計算機が入っていなかったので、日本橋室町の日本アイ・ビー・エムに読み取り結果を持参し、そこでコンピュータを使わせてもらい震源決定をしていた。

私は地震研究所が忙しい時期にも、ほとんど手伝いをすることなく、博士論文の執筆に時間を使っていた。一九六六年三月、ようやく博士論文の審査も終了し、時間ができたので、新しく地震観測点を設置するため、長野市に出かけ、群発地震も経験できた。どんなに人手が足りなくても、私を松代地震の観測には使わず、論文執筆と南極観測の準備に集中させてくれた萩原先生はじめ周囲には感謝し続けた。一九六六年三月二九日、学位授与式のその日に、私は地震研究所に文部教官助手として採用された。助手にはなったが南極行きの訓練や準備に忙しく、地震研究所の仕事はほとんどできなかった。昭和基地で一年を過ごし一九六八年三月に帰国したが、地震研究所での本格的な仕事はそれからだった。

松代群発地震の活動は初期の段階では松代町の町内だけだったが、一九六六年三月から七月にかけて北東と南西方向に地震の起こっている地域が拡大した。最大M５の地震も起こるようになった。地割れ、湧水などの地変も現れ始め、活動の最盛期だった。八月から一二月にかけては活動域はさらに拡大したが、最初に地震が起こり始めた中心域の皆神山周辺の活動は衰えてきた。一九六七年に入ると地震の震源域はそれまでの活動の周辺に拡大したが、ようやく終息の気配が見えてきた。一九六七年末ごろには活動はほとんど終息した（『図説　日本の地震』一二〇〜一二一頁)。

地震予知研究計画第一年度という事もあり、地震研究所や気象台ばかりでなく、国の関係機関や多くの大学が観測や現地調査をしていた。本来の予算のほかに政府の特別予算も付けられた。それだけ大きな出来事だったのである。

7　学問が欲しい

松代群発地震は日本列島でこれまで発生した群発地震では異常なほど長く続いた地震だった。当然多くの研究者が現地を訪れ、観測や調査を続けていた。メディアの人たちも数多く現地入りしていた。

現地で調査をする研究者たちに、メディアは質問する。研究者たちは当然自分個人の考えや感想を話したであろう。同じように松代町をはじめ近隣町村の自治体も、対策を講じるうえで必要だから現地を訪れた大学の研究者にいろいろ質問をくりかえした。彼らの答えはやはり自分自身の考えである。しかし、自治体の職員もメディアも、研究者からの情報はかなり一般的な情報として受け取る。しかし、それは十人十色、個人個人の見解にすぎない。聞いたほうは混乱してしまう。

また長野気象台からは業務の一環として、松代地震の活動の情報を発信していた。その内容は大学の研究者の見解と異なることがしばしばあり、住民は真相が分からないので一層不安を募らせた。

そんな時、松代町の町長に政府から、何か不足している物はないかとの問い合わせがあり、町長は「学問が欲しい」と答えたそうだ。この答えはその後、心ある研究者の間では、反省の材料ともなり語り継がれていた。

ここでも第2章第5節で述べた寺田寅彦の記述を反省の材料にしなければならないのだ。研究者は相手の求めていることを理解しないで、また研究者間で意見の一致していないことを、さも自説が正しいように話すことによって世の中に与える混乱を考えなければならないのだ。

町長の苦悩に満ちた言葉から、気象庁や国土地理院の業務官庁の成果、大学の研究成果などの見解を、統一して流すことを目的にして「北信地域地殻活動情報連絡会」を組織し、情報はすべて長野地方気象台から発表することになった。松代地域で観測している国の機関はその調査結果や観測成果などすべての情報をこの連絡会に報告して、そこから公表するように調整・整理された。

それからは松代では混乱なく地震活動の情報が地元住民へもスムーズに届くようになった。大学と気象庁、国土地理院などの業務官庁との連携がうまくいった例である。

その後も政府は地震予知の重要性は認め、地震予知研究計画はより一層、政府の協力が得られるようになっていった。予知研究計画事業に参加している大学や気象庁、国土地理院などが集まって、それぞれの担当する分野の情報交換を密にし、情報を一元化する目的で、松代地震の例をモデルに、「地震予知連絡会」が一九六九（昭和四四）年四月に発足した。

第4章　東海地震発生説と大震法の成立

1　69年周期説

一九六九年ごろから河角広の神奈川・東京付近での大地震発生69年周期説が話題になった。河角は鎌倉を中心に大きな被害が出た地震を選び出し、その周期性を見出し「関東南部六九年周期説」を提唱していた。国会でも自説を述べ、対策を講じる必要性を陳述している。河角の説を信ずれば、鎌倉を中心に東京や横浜では、関東地震から七〇年になる一九九三年ごろまでには大地震発生が予想されたのだ。

国の中央防災会議や東京都防災会議なども対策を講じ始めた。しかし、河角の所属していた地震研究所の研究者から、河角説に反論が出された。両者の間には地震研究所の談話会や地震学会大会（研究発表の場）で討論が繰り返された。河角は最後まで納得できないような様子だったが、現在では69年周期説は忘れ去られており、実際地震も起きなかった。

寺田寅彦の云う学者間での意見の一致を見ない説についての河角の発表は社会へ衝撃は与えたが、研究者仲間の真摯な議論によって、その正当性が否定されたのだ。研究者内の討論が正常に機能した例と云えよう。地震研究所には先輩の研究についてもクレームが付けられる土壌があった。

ちょうどそのころ、河角の69年周期説に触発されたように世の中には「地震予知ブーム」と呼べる現象が起こり、その余波は地震学会にも及んでいった。「街の科学者」と呼んで良いのか悪いのか分からないが、春秋二回の大会でアマチュアの人の地震予知に関連する研究発表が増えたのだ。地震学会は外部に開かれた学会だったので、一定の手続きでその人の所属や経歴に関係なく誰でも会員になれた。会員なら大会での自身の研究成果の発表は自由にできる。ところが学会大会の会期は三日間か四日間ぐらいしか日程が取れない。その間にいろいろな会合があったり、地方の場合にはエクスカーションがあったり、期間中は結構忙しい。

ぎっしりと詰まったスケジュールでも、申し込まれた個人研究の発表は一番大切である。アマチュアの会員でもその権利は同等に持っている。ところがアマチュアの人の多くは、学会大会のような多くの聴衆を前にして話す公の場での発表には慣れていない人が多い。したがってほとんどの聴衆には、講演者の意図するところが伝わらないような発表が多々あった。

この問題は地震学会を運営する委員会でも取り上げられた。私は一九六八年三月に南極の越冬から帰ったのち、地震学会の委員となり庶務を担当していた。大会のプログラムの編集は、主に庶務の仕事である。アマチュアの発表時間を確保するために一人当たりの発表時間を短くしたり、発表会場やセッションを増やしたりしてやりくりをしていた。委員の中にはいろいろ厳しい条件を付け、発表者を絞れないかというような案も出されていた。

講演者の講演内容が良かったか、悪かったかは、発表されてはじめて分かることである。アマチュアの人の発表は、「ほとんどが新鮮味の無い、あるいは取るに足らない発表かもしないが、もしかしたら研究者たちが気付かない大切なことが含まれているかもしれない。委員たちの無知から立派な研究に気付かなかったという事があってはいけない」、庶務担当としてはこのような理屈で、すべての会員の発表を公平に受け付けていた。

私は委員会でそんな発言をしていたので、立場上、アマチュアの人の発表はなるべく聞くようにしていた。ある人の発表がなかなか理解できなかった。一生懸命に理解しようとしたのだが全く云う意味が通じないのである。最後の締めくくりで「……かくしてアインシュタインの相対性原理は否定されます」と結論を云われたので、「これはだめだ」と思った。発表タイトルは地震に関係ある内容だったが、少なくとも私にはその発表内容は地震に関係あるのかどうかも含めて理解できなかった。

そんな例があり、プログラム編成には苦労したが、アマチュアの人たちの講演も一過性のブームで、数年後にはほとんど無くなった。

一口メモ（九）　発生時間の正確な地震情報は信じない

二一世紀に入ってアマチュアからの地震発生情報は極めて少なくなったと感じているが、二〇世紀の後半までは、毎年九月一日の「防災の日」が近づくと、大地震発生の記事が週刊誌を飾った。そんな中で、私が指摘し続けたのは何月何日何時何分というように、その発生時刻が正確なら正確なほど、その地震発生情報は信用するに値しないという事だった。時刻が正確に予測できるのは天体運動で、例えば「惑星が一直線上に並ぶから、その力が加わって地震が起こる」というような話になるのだ。地震研究者たちはまず地震を起こす歪みが溜まっているか否かを突き止めようと必死なのだ。歪みが溜まっていたら惑星の引力も引き金になることがあるかもしれないが、天体が並ぶだけでは地震を起こす理由にはならない。ただ天体が並ぶことは求められやすいので、占星術を駆使する人などがよく使う手法であるが、残念ながら地震発生を予測することは不可能であるし、予測通りに地震が起こったことも無い。

2　中国で地震予知に成功

一九七五年二月四日、中国遼寧省海城で起きた「海城地震」（M7・3）は、その発生の前に警報が出されたので死者一三二八名と中国で起こったM7クラスの地震としては被害が極めて少なかったというニュースが日本にも届き、地震研究者たちは色めき立った。このニュースに接したのは日本の研究者ばかりでなく、アメリカやカナダの研究者も現地を訪れ、実情を視察した。その結果、いろいろな手法、プロセスを駆使して、地震発生の情報を住民に発表し続けた結果、地震発生時にはほとんどの人が外に出ていて、死者が少なかったことが知らされた。

一九七六年に起こったいくつかの地震も、事前に警報が出されていた。ところが一九七六年七月二八日〇三時四二分に河北省唐山で「唐山地震」（M７・８）が発生し、同日一八時四五分には最大余震（M７・１）も発生した。この一連の地震による死者は二四万二八〇〇人を数えた。この地震の警報は出されなかった。海城よりもより北京に近く、人口も多い唐山市であり、Mも大きかったので、死者数を直接比較はできないが、それにしても海城地震の死者は唐山地震の二〇〇分の一であり、地震発生前の警告の効果は大きかったのである。

どんな手法で予知に成功したのかが大きな話題になった。実際中国はありとあらゆる方法を試み、警報を出していたようだ。その中でも日本で話題になったのは、井戸水の水位変化である。単純に説明すれば、地震を起こす力が加わってくると、地面が圧縮され地下水が絞り出されるようにその水位が上昇してくる。各家庭の井戸で水位を調べていれば、その水位変化の大きな地域を中心に地震が発生するというような説明だった。

こんなニュースを聞いた日本国内では、井戸のある家庭で水位変化を測り始めた。ある研究所ではその観測結果を募集して、何らかの変化に対し近くで地震が起こったら、地震発生を予知したと証明書を発行するという事まで始めた。地震現象の啓蒙という視点からは意味があったかもしれないが、地震の科学の教育という面からは大きな誤解を生じたのではないかと、この話を聞いたときは危惧した。

時期を同じくして、国道一号線の東京から神奈川県東部の水準測量を繰り返していた国土地理院の測量で、川崎市が隆起していることが分かった。川崎市は京浜工業地帯の中心で、工場での地下水の汲み上げが続いていたのが、第二次世界大戦後は、その汲み上げが少なくなり、地下水位が回復したから地盤も隆起したのだろうと考えられたが、それより人々の関心を呼んだのは、地下の水位変化で、井戸水の水位を測定していれば地震は予知できるのではということだった。当時はそういう空気が漂っていた。

中国はともかく日本では至る所で地下水のくみ上げが行われている。仮りに地震の前兆としての地下水位の変化があるにしても、その変化は地下水の汲み上げによる変化よりもはるかに小さく検出は困難であろうというのが、専門家の意見だった。しかし、このころは日本人の多くの人は地震予知ができそうだという、期待が漂っていた時代だったのだ。

地震の予知に成功したという中国からもその後は華々しいニュースは入ってこない。二〇〇八年五月一一日四川省でM7・9の地震が起こり六万九二二七人の死者が出た。火災による死者は無かったようなので、死者の数からはちょうど大正関東地震と同じ程度の地震災害と云えそうである。被害が大きかったのは建物の倒壊、特に学校が倒壊し授業中の児童生徒が数多く亡くなり問題になった。

その直後、中国の友人から、地震の啓蒙書を書いてくれと頼まれた。私は知人の中国人の地震学者の名前を何人か上げたが、彼らも私が書くことを希望しているというので引き受けた。中国語はできないので日本語で書き、日本語専攻の学生が翻訳し、中国の私を知っている地震学者が校閲してくれた。日本語にすると『地震知識読本』というタイトルの一〇〇頁足らずの小冊子である。特に指摘したことは日本では公立の学校の建物は耐震構造になるようにしている、学校が潰れないと避難所としても使えるという利点もある。学校の倒壊による多数の児童の死亡、被災者は長期間粗末なテントでの生活をせざるを得なかったことなどから、日本の例を紹介し、学校を耐震構造にする必要性を強調した。発行後、中国政府が人々に配るため何万冊だか購入してくれたそうだ。

唐山地震が予知されなかったニュースのあとは、中国の地震予知成功のニュースは入ってこない。それどころか四川省では二〇〇四年の地震以外にもたびたび大地震が起き被害が出ていることを知らされた。現在では中国は地震の予知の研究はほとんどやっていないようである。国家地震局地球物理研究所の研究員とは現在も会うことがあるが、予知の話はしなくなった。少なくとも世界中で地震予知の名目で政府から研究費が出ているのは日本だけではないだろうか。

3　地震予知連絡会の発足

地震予知研究計画が発足し、松代地震で地震発生に関してのいろいろな問題が浮上してくると、地震情報の一元化、各省庁を取りまとめる組織の必要性が認められ、地震予知連絡会が設置された。そのモデルは松代地震のときに有効に機能した北信地域地殻活動情報連絡会だった。地震予知での重要な項目は地殻変動の観測なので、その事務局も国土地理院に置かれ、国土地理院長の諮問機関となった。

一九六九年四月に地震予知連絡会は発足した。そのころ私は地震研究所内で移動観測班の責任者として、地震予知研究計画の一端に微力を尽くしていた。移動観測班とは大きな地震が起こると余震観測に出動し、なるべく高い精度で余震活動を調べる。また、既存のネットワーク内で異常な活動が見られたらすぐ出動して、超密な観測網を設置して観測を続け、その現象の解明をしていた。

観測が終了すれば、地震研究所内で観測した地震記録の読み取りや整理をして報告したり、論文を書いたりする。技術者たちは持ち帰った地震計その他の機器の整備をして次に備える。彼らはいつ地震が発生してもすぐ出発できるように、観測機材の整備を怠らなかった。当時の地震研究所は私たち教官と技術者の人たちが車の両輪として機能していた。

地震予知連絡会は三〜四ヵ月に一度の割合で会議を開いて、北は北海道から南は九州・沖縄まで、日本列島全体の地震や地殻活動の現状が報告され、必要な意見交換がなされていた。したがって会議の時期が近づくと、地震予知研究計画で設置された観測所からは、前の会議以後の地震活動や地殻活動の報告をする。各観測所から提出された報告をまとめて、地震研究所としての報告がなされた。

それぞれの報告に対し、気になる現象が起これば、意見交換がなされ、大地震発生の可能性があるのかないのか議論された。会議が終了すれば、記者会見が行われ、大地震が発生する可能性の有無などが発表される。このルートで発表する限り、参加している大学、関係省庁の研究者の意見は、この会議で検討され、公式に認められた内容となる。寺田寅彦の云う学者の意見の一致した結果が発表されていた。

この会議では個人の研究も検討された。その一つが一九六〇年代後半から話題になりだした遠州灘、駿河湾沿いの大地震の発生の可能性が指摘されたことである。地震予知連絡会では東海地震部会を設け、浅田敏東大教授を部会長に指名して、注意を続けていた。

遠州灘から駿河湾にかけては、安政東海地震や宝永地震など、過去には南海トラフ沿いで起こる大地震の震源域になっているが、一九四四年の東南海地震では、静岡県東部の被害は少なく、この地震の震源域にはなっていないと考えられたのである。一九四四年の地震で破壊されていなければ、この地域にはその後も地下には地震の原因となる歪みが蓄積しているはずなので、（一九七四年で）一八五四年の安政東海地震から一二〇年が経過しており、駿河湾を震源とする大地震が起きても不思議ではないとの論調だった。

会議の結論としてはこの地域の諸観測をより一層充実させ、注意深く見守ると云うものだった。記者会見でも特に注目する質問は出なかったようだが、地元の『静岡新聞』は大きく取り上げた。「駿河湾地震」と呼ばれて、県民の地震に関する関心は増大していった。ここまでの経過で、東海地震あるいは駿河湾地震発生の提唱者には何の落ち度もなかったと判断される。

4　マスコミに火が付いた東海地震発生説

提唱者は二ヵ月後に開かれた一九七六年一〇月の地震学会秋の大会でこの考えを発表した。地震学会の大会への申し込みは講演予稿集をつけて申し込む。研究を発表する人は、自分の研究の目的、方法、結論などをA4版一枚ぐらいの紙に書いて提出しなければならない。提出された講演要旨に基づき、プログラムが編集され、すべての要旨はまとめて印刷され「講演予稿集」として会場で販売していた。会員はこの予稿集を購入し、自分の関心ある発表を探して聞くのである。

このような講演要旨は申し込みに際し必ず添付しなければならないのだが、中には「これこれについて述べる」と一行程度の、ほとんど白紙状態の要旨を提出する人もいた。一九六九年だったと思うが、私は簡略な講演要旨にはかねがね不満を持っていた。当時、私は学会の庶務主任をしていたのでこの問題を取り上げ、講演要旨には講演内容と結論がはっきり記さなければならないことを強調し、講演予稿集の書き方を刷新した。

この講演予稿集は大会開催の数日前には出来上がるので、地震学会の事務局で事前に購入できる。記者の人たちはあらかじめ購入し、興味ある発表を見つけたら、その研究者への取材を始める人もいる。私の所へも「先生のこの講演の内容はこれこれでよいのでしょうか」などと問い合わせがあったこともある。研究者はその時の応対には注意が必要で、寺田の云う相手との意識の違いに配慮しながらの受け答えが必要である。この時、自分を売り込もうなどとして過大なことを云うと、後で自分が恥をかくことになる。

東海地震あるいは駿河湾地震の提唱者は自分の発表要旨を二枚以上の原稿にまとめた。そしてその要旨を予稿集として提出するとともに、各メディアに発送したのである。私は一九七四年五月に地震研究所から一九七三年九月に発足したばかりの国立極地研究所に移り、南極観測事業に従事していたので、地震予知には興味・関心はあったが、直接の関係はなくなっていた。

その時の学会での発表も予稿集を見て初めて知った。ところが東大地球物理学教室の先輩から、東海地震発生説の発表者は、講演予稿集を事前にメディアに送ったと聞かされ驚いた。私に話してくれた先輩も、同じような感想を持っており、二人でそのやり方を嘆いたことを覚えている。

発表では当然メディアの注目を浴び、時の人になった。地震研究者がいつの間にか防災を説くようになっていた。地震の予知が確実にできない以上、地震学者もその備えを云わざるを得ない。

それは大森－今村の時代から変わっていないが、いつの間にか、彼も地震研究者としてよりも防災の専門家として、あちこちで講演を頼まれるようになった。

ある地震学の先輩教授が、「君の研究内容を早く論文にして発表してくれ」と云ったところ、彼は「講演に忙しくて論文を書いている暇はありません」と答えたそうで、「本末転倒、何を考えているのか分からない」と嘆いていた。世の中で注目されてきて、いつの間にか彼の科学者、研究者としての原点が影を潜めてしまったのだ。

発表から四〇年以上が経過しているが、提唱された東海地震や駿河湾地震は起きていない。では彼は虚偽を云ったのだろうか、決して嘘は言っていないと思う。第5章、第6章で詳述するが、提唱者は口では地震はいつ起こるか分からないと云いながら、明日起こるかもしれないと、切迫性を口にしているのだ。なぜそうするかと云えば、大地震が近いと云えばメディアに注目されるからであろう。研究者の自己顕示欲に振り回された人たちこそ、地震発生以上に苦労したかもしれない。地震学者が社会と接点を持とうとしたときは十分に注意する必要のあることを示している。

今村明恒は地震発生を一八年間叫び続けて、ようやく世の中に認められた。南海地震でも一五年である。起こらなくても叫び続けた今村の執念は、われわれも学ぶ必要があるのではないかと考えるようになった。提唱者は信念をもって叫び続けるべきなのに、ある所でその発言はぴたりと止まってしまった。今村との違いである。

5　大規模地震対策特別措置法（大震法）の成立

地震予知連絡会で粛々と進んでいた東海地震への対策は、学会でメディアに取り上げられ世間の大きな注目を集め、国会でも無視できなくなった。行政も参加する地震予知連絡会の中に「東海地震判定会」が設置された。これは地震の専門家がメンバーになり、東海地震の短期（地震発生の一ヵ月ぐらい前）あるいは直前（数日から数時間）予知を目指し、観測をより一層強化していこうとの目的であった。

地震学者はたびたび国会へも呼ばれ、地震予知の可否を問われているが、誰もできるとは一言も発言していない。しかしながら時の流れであろう。後日私は地元の『神奈川新聞』の取材に対し「時代の流れ、学者の使命感などが根柢にあり、当時の地震予知には勢いがあった」という表現をしているが、世論が味方に付いたのだろうか「大規模地震対策特別措置法（大震法）」が制定され、一九七八年一二月に施行された。この法律のもと、静岡県を中心に神奈川、山梨、愛知、岐阜各県の一七〇市町村が「地震防災対策強化地域」に指定され、いろいろな対策が実施されるようになった。

この法律の施行により、「東海地震判定会」は「地震防災強化地域判定会」と改称され、気象庁長官の諮問機関になった。判定会では異常が見つかった現象に対しては、その異常が東海地震の発生に結びつくか否かを即座に判断しなければならない。異常が発生すればすぐそのデータが集まり、判定会が開催できる、そのような緊急性に対応できる国の組織は気象庁だけである。気象庁は二四時間職員が観測結果に注意している現業官庁である。そこでデータに異常が出れば、東京在住で選ばれていた判定会のメンバーの地震学者が気象庁に集合し、大地震発生の可能性を判断することになったのだ。

集まったデータから大地震の発生が予想される場合には、気象庁長官に進言し、長官は総理大臣に報告し、法律に基づき「地震警戒宣言」が出される。すると新幹線を止めるとか、高速道路の通行規制をするとかの処置が講じられる。このように大震法は世界でも例のない法律で、大地震の発生に対処することになったのである。

判定会のメンバーの心労は大変なものだった。しかし、実際にはそれから四〇年、地震が起こるような異常は起こらず警報も発せられなかった。それよりも、警報を発する判断の難しさが指摘され、二一世紀に入りこの大震法は転換期を迎えることになった。

一口メモ（一〇）　富士山大噴火

一九八四年九月一五日〇時ごろ富士山が大噴火すると云って、マスコミをはじめ日本中を大騒ぎさせた人がいた。私はその年の八月にドイツで開催された学会に出席していたが、外国の仲間からも富士山が噴火するというのは本当かと聞かれたので、この噂は地球上を駆け巡ったのかもしれない。噂の発信元は気象庁の元職員という事で、世の中の人々はこの情報を信用したようだ。気象庁職員とはいっても、その人の部署は火山や地震とは関係ない部署だった。火山噴火はその火山体の下にマグマがあって、山体直下に圧力が集中した状態で始まる。地震の場合は地下に歪みが蓄積しているかどうかを調べるのと同じように、火山の場合はマグマがどの程度あるかを調べるのである。しかしその人はただ惑星がこの時間に一直線になるからそれが引き金になって噴火するという、占星術的な理由だった。当然噴火は起こらなかったが、メディアはその夜、富士山を取り囲んでいた。

第5章　地震予知への逆襲

1　阪神・淡路大震災の発生

一九九〇年代になり、地震予知研究計画も四半世紀が過ぎたが、学問としての地震予知はあまり成果が上がっていないと見られ始めた。データも蓄積され、研究者たちの視野も広くなってきてはいたが、国内で被害を伴うような地震は起きても、予知をしなければと考えられている地震は起きなかった。地震学や地球科学の分野では、地震予知にばかりに予算が回り、その他の研究は研究費も少なく学問が停滞しているというような批判も出ていた。それでも地震を予知するためには、より一層の観測網の充実が必要とも考えられていた。地震予知のためには地下の情報（歪みの蓄積や地盤の傾斜や伸縮など）が不十分であることは、研究者の多くは認識していた。

地球を知るためには観測は絶対に必要という理屈を理解してはいても、地震予知研究計画はマンネリ化の様相を呈してきた。寺田寅彦以来の地震予知不可能論を思い出す人もいたようだ。地震予知研究計画の推進者の一人、萩原尊禮は、そのころ私に、「地震予知はもっと簡単にゆくと思っていた。甘く見すぎていた」と語っていたことが印象に残っている。そんな風潮の中で、一九九五年一月一七日、兵庫県南部地震（阪神・淡路大震災、M7・3）が起こった。近代都市が初めて大地震に襲われたのだが、神戸市は直下型の地震で壊滅状態になった。死者・行方不明者の総数六四三六人は、第二次世界大戦後に起こった地震では最大だった。淡路島北端には断層が出現し「野島断層」と命名された（一口メモ（一）参照）。

近代都市の象徴の高速道路や新幹線が被害を受けた。高架を支える支柱や橋梁などが簡単に折れてしまったのだ。ＪＲ在来線や私鉄各線も同じような被害を受け、普及にはそれぞれ数か月が必要だった。

地下鉄や地下街も初めて大地震に襲われた。地震の発生が早朝だったので、地下街で人々が活動する時間前だったこともあり、懸念されている火災の発生はなかった。しかし地下で全体が岩盤と一体になって揺れるので地震に強いと考えられていた地下鉄には被害が出た。地下鉄は一般には横穴を掘削しながらトンネルを作ってゆく工法がとられるが、神戸では一部の区間が地上から開削してトンネルを作り、その後埋め戻す工法をとっており、そのような区間で鉄筋コンクリートの柱が折れたり、トンネルが押しつぶされたりして被害が発生した。

大阪湾沿岸の埋め立て地では液状化が起きた。人工島のポートアイランドや六甲アイランドではその被害は大きく、岸壁が海側に一～二メートル押し出されたり、その分付近の地盤が陥没したり、亀裂ができたりしていた。数十センチに及ぶ地面の沈下も確認された。ただそこに建設されていた高層ビルは建物を支える杭が地下深く打たれていたため被害はほとんどなかったが、周辺の地盤が沈下したので建物が浮き上がってしまった。

図13 「信託銀行」の「託」の字のあった階が完全に潰れ、看板が欠落している

コンクリートの建物の被害で目立ったのが、途中階の全壊である。一〇階建ての建物の六階か七階部分が一階部分だけ完全に潰れているのだ。これは設計上その階あたりから上の部分の柱が細くなるのだそうで、その境目が破壊された。三〇階を超すような高層ビルの被害は報告されていないようだ。

ガス、上下水道、電力、電話などのライフラインも大きな被害を受け、電力と電話は一月末には復旧したが、その他は復旧までには二〜三ヵ月を要した。もちろん当時は携帯電話が現在のように普及する前の話である。

地震後火災の発生は九三ヵ所におよんだ。神戸市内では倒壊建物が道路をふさいで消防車の出動を妨げ、水道も断水し消火活動は十分に行われず四〇ヵ所で、本格的な火災になってしまった。水の出ないホースを持つ消防士の写真が報道されたのが印象的だった。出火原因の多くは使用中のガスや電気のストーブ、ガスコンロの火が落下物に引火したケースが多かったが、使用していた電気器具を、地震の停電によってスイッチが入ったまま放置し、通電が再開されたときにショートや発熱で出火した例も少なくなかった。

住家全壊は一〇万四九〇六棟、半壊は一四万四二七四棟、全半焼七一三二棟だったが、地震の発生が午前五時四六分ごろと、真冬の早い時間だったので、多くの人は家の中に居て倒壊した建物や家具の下敷きになって亡くなった。一般に木造家屋の二階建ての場合、「二階に居て地震を感じたら慌てないでそのまま居ろ」という格言がある。潰れるのは一階部分で、二階部分は潰れることなく、潰れた一階部分に重なるように残るからだ。ところがこの地震では二階部分が潰れている家を数多く見た。それは木造家屋と云っても一階部分の骨組みが軽量鉄骨で強く、二階の木造部分が壊れてしまったのである。

二軒並んでいる家の一軒がずたずたに壊れ、隣の家が外見上は全く無傷という例もあった。無傷の家は新しく、たぶん新しい基準の建築法に従って建設されたのであろう。この事実は地震だからとただ恐れるのではなく、きちんとした基準を満たした設計で、その通りの施行で建てられれば、震度7にも耐えられることを示している。

地震発生後の調査で、家屋の倒壊が三〇%を超える震度7の領域は淡路島と神戸市須磨区から東へ西宮市と宝塚市の一部まで、東西にほぼ三〇キロ、幅はJR神戸線と阪神電車間の二キロだった。高架橋のJRの支柱はコンクリートが粉々になり露出した中の鉄筋がぐにゃりと曲がっていたのが印象的だった。この震度7の地域では真下からの力によってまず上下に押しつぶされ

図14　直下型地震の特徴である下からの強いつきあげにより「く」の字に曲った窓枠

るように揺れたのだ。住宅のアルミサッシの窓枠が縦方向に「く」の字に曲がっていたのも印象的だった。直下地震直撃の恐ろしさを示していた。

最大震度7は一九四八年の福井地震後の現地調査のあと提唱され、一九四九年から実施されたが、実際に記録されたのは初めてだった。この震度7は後日、国会でも問題になった。この地震が発生した時、日本政府の対応は極めて遅かったのだ。

日本国内では地震や豪雨など自然災害の緊急時に、もっとも頼りになるのは自衛隊である。一番近い姫路に駐屯している陸上自衛隊への出動要請は午前一〇時だった。また自衛隊の福知山駐屯地は神戸との直線距離は六〇キロである。ところが福知山の自衛隊への出動要請も午前一〇時ごろ、出動体制が整い出発したのが地震発生から五時間が経過した午前一一時ごろで、神戸市内へ到着したのはその十数時間後だった。

その第一の原因は政府が地震発生時に、そんなに大きな地震とは思わなかった事、第二の原因はいたるところで道路が交通渋滞を起こし通行に通常の数倍の時間がかかったことであった。そして政府が大地震と考えなかったという言い訳にしたのが、「最大震度が6だったから」というものだった。政府の中に「震度7は地震発生後の現地調査で決まる」事を知っている人が一人もいなかったとは思えないのだが、表面的な理由はそうのように説明された。

この政府の発表に野党は反論し、結果として気象庁は、それまでは体感で決めていた震度を器械観測として、震度計で決めることになり、「計測震度」と呼ばれるようになった。私はこの時の政府関係者の対応は全く理解できなかった。その日の朝午前六時前、ニュースを見ようとテレビのスイッチを入れたらすぐ飛び込んできたのが、神戸市生田神社の社殿の崩壊だった。それは写真で見ていた大正関東地震の鎌倉鶴岡八幡宮の社殿の崩壊と同じだったからである。私はすぐ大地震と感じたが、政府関係者はだれも大地震とは思わずテレビを見つづけていたのかと思うと、ぞっとした。

一口メモ（一一）　大地震で私用に車を使うな
阪神・淡路大震災では、震災後から車を使う人が増えていて、交通渋滞が起こり、現地への救急車両の通行にも支障をきたしたと大問題になった。救急車も消防車も動けなかったのだ。神戸ではそんなことは起こらなかったが、道路が渋滞していて火災が発生した場合には、渋滞した車に延焼すれば、火災を遮断する役割の道路が、逆に延焼の手助けをすることになってしまう。しかし、東日本大震災では陸上の震害が小さかったのと、津波から逃げるのは自動車でなければと、自動車はずいぶん使われたようだ。しかし。震源が海上にあった東日本大震災は別で、陸上、特に市街地での地震に際しては、私的な目的の自動車は絶対に乗らない事を普段から啓蒙しておくことが必要である。同じ過ちを繰り返してはならないが、日頃からこの問題で行政はどのように考えているのか伝わってこない。

一口メモ（一二）　計測震度

体感で震度を決めていた時代から、震度計は開発されていた。震度は地面の揺れの加速度に比例するので、加速度計を使った震度計が開発されていた。したがって気象庁は容易に「計測震度」の導入ができた。さらに震度5と震度6には「強、弱」と二段階にした一〇段階の震度階を決めた。その震度計を設置すれば気象庁と同じ基準で震度が決められる。それ以来、日本では震度計を導入する自治体が増えた。自治体の震度計も気象庁にオンラインでつながっている。したがって地震が起こると各自治体の震度が一斉にテレビの画面に映し出される。その中には時々周囲より大きな震度を示す観測点がある。震度計を置いてある地盤が周辺より柔らかいと、よく揺れるので震度は周辺より大きくなる。自分の居住地域の震度の特徴を知っておくことは、いざという時に慌てないで済むので気に留めておくべきである。自治体が震度計を設置したからといって、それで地震対策にはならないことはすぐ理解されるだろう。

2　なぜ予知できなかったか

地震発生直後は現地からの被災報道に終始した各メディアも時間の経過とともに、現場からの報道ばかりでなく、救援活動やその後の地震対策などの番組を組むようになってきた。メディアに出る地震学者も出てきた。テレビ局からの要請を受けヘリコプターで災害現場を見てきたと嬉しそうに自慢する地震学者もいた。

メディアが一斉に批判を始めたのは、「予知計画が始まって三〇年にもなるのに、なぜ予知できなかったのか」という疑問であった。およそ七〇年前、大正関東地震が発生した時に震災予防調査会が浴びた非難と同じである。メディアに登場した地震学者は（私が知る限り）この世の中の非難に一言も反論をしなかった、というよりできなかったようだ。私はもう少ししっかりしてくれ、事実をはっきりさせてくれと心で叫びながらその報道を眺めていた。

兵庫県南部地震の震源地域は地震予知連絡会によって特定観測地域には指定されていた。地震発生直後一部には「関西では地震が起こらないと聞いていたのに起こった。なぜか」というような疑問が出されたが、地震学者で関西に地震は起こらないと考えている人はいない。特定観測地域にも指定されていたのだ。いずれは起こるかもしれないが、予知研究にかかわっている人の多くの目と予算は東海地震の方に向いていた。特定観測地域の指定がどの程度の意味を持たせていたのか、私も知らないが、「ほかの地域より大地震の発生する割合は多いかもしれないし、発生すれば首都圏同様に大きな影響が出るから注意して見守りましょう」という程度だったのであろう。したがって特定観測地域であっても観測網が充実している地域ではなかった。そこで起こる地震を予知できるような観測体制は構築されていなかったのである。

メディアに出た人に云ってほしかったのは次のようなことである。
・地震予知の目標としては少なくともM7・5以上の地震を予知したいと願っている（屁理屈ととられても、M7・3の地震はM7・5よりは放出されるエネルギーは数分の一程度である）。その大きさの地震ではない。
・特定観測地域に指定して注意はしていたが、観測網はほとんど充実していない。この程度の観測網では、たとえ前兆現象が起きていても検知は難しい。

・現在の日本の予知体制は東海地震に全力を傾けている。

反論すれば、それだけたたかれたかもしれないが、やはり地震研究者たちが日夜観測を継続し前兆現象を捉える努力を続けていることは伝えてほしかったし、伝えるべきだった。それと同時に、地震予知が一筋縄ではいかないことも云うべきだった。私から見れば、知識人を自認しているであろうテレビの司会者やコメンテーターの、地震への無知が露呈したと思っている。

この点すでに述べたように寺田寅彦の「自然現象の科学的予報については、学者と世俗との間に意志の疎通を欠くため、往々にして種々の物議をかもす事あり」の典型例と云えるだろう。一〇〇年（地震発生時では八〇年）前の指摘が現在でも立派に通じるのである。

このような世間の地震研究者への不信感、地震予知への不信感から政府や国会が動き、地震直後には科学技術庁（当時）に「地震予知推進本部」が置かれ、六月には国会で「地震防災特別措置法」が成立した。さらに政府の地震対策を強化するため、地震予知推進本部は「地震調査研究推進本部」として、一九九五年七月一八日に発足した。本部内には地震の調査や観測の計画を策定する「政策委員会」と観測データを評価し防災に役立てる「地震調査委員会」の二つが設けられた。

この地震調査委員会は、一般に地震発生の可能性を示すものとして「長期的な地震発生確率」なるものを発表するようになった。確率は地表で認められている活断層について、トレンチ調査という手法で、断層の断面を調べて過去の活動を検出し、将来発生が心配される地震の大きさや時期を予測するのである。

その結果はフォッサマグナの南側に延びる富士川河口付近では、過去に一三世紀や一八世紀に活動した形跡からM８クラスの地震が二〇一五年からの三〇年間に起こる確率が一〇～一八％と見積もられ発表されている。また神奈川県西部の神縄・国府津―松田断層ではM７・５の地震が〇・二％～一六％の確率で起こると発表されている。

この長期評価はいわば政府主導で行われているわけだが、自治体はともかく一般住民はどう受け止めたらよいのだろうか。その答えは出ていない。私は自分が住む神奈川県湘南地域の近くにある断層に関心は持っているが、何の心配もしていない。発生確率は行政なら「地震に強い街づくりを急ごう」というように、役立てることもできるかもしれないが、個人としてできる有益な対策はない。では個人レベルではどう対策をすべきか。それについては第7章で詳述する。

一口メモ（一三）　宏観現象

大きな地震が起こった後、必ず出てくるのが地震の前に何かに異常があったという報告である。雉が異常に鳴いた、犬がおびえていたなど、地震の前に日常とは違った行動や現象があったという報告は、改めて調査をすればするほど出てくる。このような現象を宏観現象と呼ぶ。古くは地震前に鯰が暴れると云われ、東北大学の浅虫臨海実験所で何年間か鯰を飼育して観察して、地震の前兆のような動きはしないという結論になった。地震が起こった後で聞けば、「そういえば……」と異常と思われる現象がリストアップされる。しかし、地震が起こらなければ、そのような現象は見過ごされてしまっているのである。日常的に気が付かれないのだから、地震発生前に気が付かれることもない。宏観現象で地震を予知できると信じる人も無きにしもあらずだが、実際には役立たないことがほとんど明らかにはなっている。しかし、何とか予知をできるようにするため調査するという人が、地震が起こるたびに現れるのもまた事実である。

3　全国地震動予測地図

「発生確率」は文字通り、予測した断層が動くか動かないか、つまり大地震が起こるか起こらないかの目安だった。それに続いて地震調査委員会が公表したのが「全国地震動予測地図」である。

二〇一八年六月二六日に発表された予測図は以下のようである。

「二〇一八年一月一日を基準日として、今後三〇年以内に震度6弱以上の揺れに見舞われる確率分布図と主な地震の長期評価結果」

どんな地震がどこで起こるかではなく、とにかく大地震が起こってそれぞれの場所でどのくらい揺れるのかを知る図である。

「震度6弱」の揺れは「立っていることが困難になる。固定していない家具の大半が移動し、倒れるものもある。ドアが開かなくなることがある。壁のタイルや窓ガラスが破損、落下することがある」で、室内でかなりの被害が出る揺れであることを示唆している。

日本地図に示された確率の分布は五段階に色分けされ、震度6弱の揺れに見舞われる確率が高いとされるのが二六％以上、六〜二六％、三〜六％、の三段階で、やや高いが〇・一〜三％、その他は〇・一％未満の地域となっている。そして二六％は平均的に一〇〇年に一回、六％は五〇〇年に一回、三％は千年に一回の割合で「震度6弱」に見舞われると解説している。

そして二六％以上、つまり一〇〇年に一回ぐらいの割合で「震度6弱」に見舞われる地域は北海道南東部の根室を中心とした地域、仙台平野、南関東のほとんど全域、伊豆半島から静岡県のほぼ全域、愛知県のほぼ全域、紀伊半島の太平洋岸、大阪平野、四国の太平洋岸といずれも、太平洋に面した地域である。逆に北海道のほとんどの地域は千年に一回かそれ以下、東北地方の内陸部から北関東にかけても同じように千年に一回程度、中国地方と九州内陸地域でも同じように千年に一回程度である。

図にはそれぞれの地域の揺れを起こす地震と主な活断層も示されている。

この図を見て考えて欲しい事として、地図の付録には次の点が強調されている。

㈠ 日本の面積は地球表面の面積の一%にも満たないのに、地球上で起こる地震の一〇%が日本列島付近で起きています。全国どこでも強い揺れに見舞われる可能性があります。

㈡ 世界的に見て地震の危険度が非常に高い日本ですが、場所によって見舞われる可能性の高いところと低いところがあります。

㈢ 太平洋側が高いのは日本周辺の太平洋側には千島海溝、日本海溝、南海トラフと云った海溝型地震を起こす陸と海のプレート境界があるためです。

㈣ 狭い地域でも場所によって大きな違いがあります。それは地盤の揺れやすさに違いがあるからです。

㈤ 確率が低いから安全だとは限りません。

㈥ 地震動予測図には不確実さが含まれています。

地震災害を考える一つの参考になる図であるが、これを見て自分はどうしようかとなるとその答えは出てこない。出てこないというよりは何をしたらよいのか分からないという感情が正常なのかもしれない。日本の地震活動を大局的に知る図と考えるのが良いであろう。図は防災科学研究所のホームページ（URL: http://www.j-shis.bosai.go.jp/）で見ることができる。

4　緊急地震速報

地震調査研究推進本部の地震動予測に加えて、気象庁は緊急地震速報を発表するというシステムを導入した。地震予知研究計画が世間の批判にさらされているので、国としても、何かの対策を講じているという姿勢が必要だったのだろう。私はこの二つが発表されたとき、国民が期待している地震予知とは大きくかけ離れていて、個人にはほとんどというより全く役立つとは思えないので、愚策だと思った。しかし国としても何か考えているという姿勢を見せる必要があったことだけは理解できる。

緊急地震速報というシステムが公表されたとき、多くの人は地震発生前に何らかの情報が発表されると理解したようだ。このシステムは地震が起こってから、その地震の大きさや発生場所を調べ、日本列島内で大きな揺れが起きそうなら、警報を発するシステムであり、決して地震の発生前に「地震が起こる」という情報を発するのではないことを、まず理解しておく必要がある。

すでに述べたように地震が起こると、その場所からタテ波とヨコ波が発生して四方八方に伝わってゆく。この波の伝わる速さは、波の伝わる岩盤の性質により異なる。一般的にはタテ波はヨコ波のおよそ一・七～一・八倍ほどの速さで地下の岩盤内を伝搬する。したがって地震計にはまずタテ波が記録され、続いてヨコ波が記録される。このタテ波が記録されてからヨコ波が記録されるまでの時間を「初期微動継続時間」（ミニメモ（二）参照）という事は第1章で述べた。

直下型地震ではタテ波でも被害は発生（図14参照）するが、多くの場合、震度4程度以上の大揺れはヨコ波の到着で発生し、時には被害も伴う。だからなるべく早く大揺れの起こりそうな場所を知らせようというのが、このシステムの趣旨である。

観測所の地震計に地震が記録されると、その情報は自動的に気象庁に送られ、その到着時間や波の振動方向が自動的に読み取られる。数か所の観測点のタテ波のデータが集まると、その地震の震源の位置や発生時間や地震の大きさ（マグニチュード）を決めることができる。その地震の大きさから日本各地の揺れの大きさを求め、震度5弱以上の揺れが予想される地域を求め、震度4以上の揺れが予想される地域に警報を発する。

発生した地震の震源が陸上にあれば、半径五〇キぐらいの中に三～四点の観測点があるので、地震発生から七～八秒後には地震の大きさや震源が決まり、一〇～一二秒後には、震度4以上の揺れが予想される地域へ警報が発せられるかもしれない。しかし、その時には震源を中心とする半径五〇キロの地域にはすでにヨコ波も到達している。震源の付近で大揺れに揺れたとしても地震速報の情報は大揺れが始まってから届くので役に立たないことが理解されるだろう。直下型地震ではこのシステムはまったく役には立たない。

海岸から一〇〇キロの沖合でM8クラスの地震が起きたとする。その海岸付近は震度5弱以上の揺れに襲われるであろう。震源が海洋にある場合には、ほとんどの観測点に初動（最初のタテ波）が到着するまでに時間がかかるから、どんなに早くても二〇秒から二二〜二三秒後でないと、震源決定や地震の大きさの決定はできないだろう。それから警報を出しても、警報が出たときはすでに大揺れが始まっている。たとえ海底地震計が近くに設置されていても、震源決定などに要する時間が多少は早くなるかもしれないが、その事情は大きく変わらない。やはり役立つ可能性は少ないのだ。

緊急地震速報で警報が発せられた地域では、その時点で大揺れが無ければたとえ警報が発せられていても、ヨコ波は到着していて、被害をもたらす揺れは起きなかったという事である。そして被害が起こるような場合には、警報が発せられた時点ですでに大揺れが始まり被害が出始めており、やはり警報は役に立たないのだ。

気象庁は二〇〇七年一〇月一日からこの緊急地震速報の実用化を始めたが、実際、緊急地震速報が機能したという話は聞こえてこなかった。そんな時に東日本大震災が起きた。超巨大地震の発生で、この地震ほど緊急地震速報が役立ちそうな地震はそれまでは起こっていなかった。ところが、やはり役立たなかった。

震源から一七〇キロ以上離れた宮城県栗原市で震度7が観測され、五〇〇キロ以上離れた関東各地、特に神奈川県西部でも震度5弱が観測された。しかしともに警報は出なかった。初動段階での地震の大きさの判定ではM7・2程度の地震と判断されたからである。

気象庁は初動部分の波形で震源の決定から地震の大きさ、そのメカニズム（どんな力が加わり、どのように断層が動いて地震が発生したかの過程）も決まるような技術を開発することを目的にしているようだ。短い時間で発生した地震のメカニズムが決まればそれだけでも津波発生の有無も判定できるが、地震発生直後に初動（タテ波）だけでメカニズムを決定するのは本質的にはできない。

どんなに進歩しても緊急地震速報が、期待されるような効果があるとは思えない。警報を受信した交通機関が、列車、電車を停止させれば、大事故にはつながらない可能性が出てくる程度の効果しかないであろう。とにかくすべては地震が起こってから計算が始まる。大地震ならまだ断層が形成されている最中、云い換えれば地震断層が完成しないうちに、その地震の大きさを決める計算を始めようとしているのである。事実東日本大震災ではそうだったので最初に計算されたマグニチュードは小さかった。地震が終わっていない、つまり地震の破壊が継続中であるから、記録した波だけで最終的にその地震の大きさを決められないことは理解されるだろう。

一口メモ（一四）　小田原地震
一九八〇年代後半、神奈川県小田原市周辺で大地震が起こると発表した人がいる。その人の主張は以下のようだ。江戸時代以後、小田原城や城下で大きな被害が出た地震は次の五回である。

一六三三（寛永一〇）年M7・3、一七〇三（元禄一六）年、元禄関東地震M7・9〜8・2、一七八二（天明二）年M7・0、一八五三（嘉永六）年M6・7、一九二三（大正一二）年、大正関東地震M7・9。この五回の地震を起こった年代を縦軸として順番に並べる。するとほとんど直線に乗り、その直線を延長すると、次の地震の発生は一九九八年であるとの主張だった。したがって小田原市周辺では注意が必要であると私見を発表していた。これを聞いた小田原市では大騒ぎになった。当時中学生だった人の記憶では、学校で授業中の地震発生に対しての行動を、何回も訓練を受けたと云う。もちろん地震は起こらなかった。

この手法は一〇〇年前の今村明恒の主張と同じであった。二つの関東地震はプレート境界の地震、それに対して他の三回の地震はプレート内の地震である。今村の時代とは異なり地震の種類が違っていることが分かっているのに、ただ小田原が大きな被害を受けた地震として、同じレベルで扱っている手法は明らかに間違っている。今村は東京の死者千名の基準を設けていたが、それとほぼ同じ論法だった。いずれにしても地震発生の時期がほぼ一直線上に並んだのは偶然であって、事実として二〇年以上が経過した今日でも地震は起きていない。

5　大地震は切迫している

阪神・淡路大震災発生直後から、関西在住の地震学者の一部から関西は地震活動期に入ったという発言が繰り返されるようになった。厳密な統計的な検証がなされたわけではなく、日頃の地震活動を見た感じからの発言のようだった。

その後、やはり関西在住の地震学者から「大地震が切迫している」という言葉が発せられ続けた。彼らの云う大地震は、それ以前から話題になっていた東海地震やそれに隣接する南海地震、その後の言葉を使えば「南海トラフ沿いの巨大地震」である。地震学者ばかりでなく、防災の専門家と称する人たちも、地震学者からの受け売りのようだが、「大地震は切迫している」と云い出した。

二一世紀に入って間もない頃の地震学会の大会だった。やはり「大地震切迫」に関して講演した学者に私は質問した。「私が一般講演会などで得る「切迫性」の期間は三～四年以内、長くて五～六年程度で、一〇年になると切迫とは受け取らない。あなた方が「切迫」を云い出して、五年以上になる。まだ切迫を云い続けるのですか?」。その時の答えは「一般民衆はよほど強く訴えないと感じない。だから切迫性を云い続けて注意を喚起する必要があるのです」だった。

大地震が発生しないまま一〇年以上が過ぎたとき、予想もしていなかった三陸沖で超巨大地震(M9クラスの地震)が起きてしまった。この地震が起こると「大地震切迫説」を主張していた人たちはぴたりと云わなくなり、代わりに「想定外」という言葉を使い始めた。超巨大地震が三陸沖で起きはしたが、南海トラフ沿いの地震の危険が去ったわけではない。しかし彼らの口からは、「大地震（南海トラフ沿い、あるいは東海地震、南海地震）切迫説」は全く発せられなくなった。今村明恒の執念とは異なり、「見事な変心（変針）」と皮肉を云いたくなる大転身だった。

一口メモ（一五）　学者を黙らせる法律

阪神・淡路大震災後、地震予知の研究者は元気をなくしたが、地震発生に関する情報は研究者から数多く発せられるようになった。VAN法と呼ばれ、地電流の電位差から地震を予知したというギリシャの研究者の発表が、そのあと押しをしたようだ。情報発信は地震予知連絡会を通すというようなモラルも崩れてしまっていた。研究者の勝手な発言で困ったのは地方自治体の地震担当者たちだった。都道府県庁、各市町村、それぞれの立場で、地震が起こると云われたら、たとえその発言の信用度が低いと考えても、何らかの対応をとらざるを得ない。信憑性に欠ける情報なら、なぜ信用できない情報なのかを住民に説明しなければ、住民は納得しないだろう。

地震研究者たちの勝手な地震発生論に振り回されたのが、地方公務員の現場の人たちだった。地震のことをよく知らない、いわゆる事務屋さんでも、地震に対して何らかの対応をせざるを得なかった。そんな背景があって、地震学会の総会の席上だったが、ある地方公務員の方から「研究者の勝手な発言を封ずる法律を作って欲しい」という発言がだされた。その人の訴えることは十分に理解できたが、私はやはり「そのような法律を作って、研究者の発言を規制するのは学問の自由、表現の自由に抵触するので好ましくない、重要なのは研究者一人一人のモラルだ」というような意見を述べた。もちろんそのような法律はできなかったが、そんな発言をしなければならないほど、地震が起こると云われた地域の人たちは追い詰められていたのだ。

第6章　すべてを壊した東北地方太平洋沖地震

1　東日本大震災の発生

二〇一一年三月一一日一四時四六分、宮城県仙台湾東の沖合、およそ一三〇キロの北緯三八度〇六分一二秒、東経一四二度五一分三六秒、深さ二四キロメートルを震源とする地震が発生した。東側から押し寄せ日本列島の下に潜り込む太平洋プレートと日本列島が乗る陸側プレートの境界で発生し、南北の長さ四五〇キロ、幅二〇〇キロが震源域であり、推定される断層の大きさである。震源から発生した割れ目が進行し破壊が終わるまで、つまり断層面の形成が終わるまでにおよそ一六〇秒を要したと推定される。

震源から二五〇キロ以上離れている宮城、福島、茨城、岩手、栃木で震度6（強、弱）を記録し、関東全域で震度5（強、弱）の強い揺れを記録した。地震の揺れを北は北海道から南は九州鹿児島で感じ、有感半径は約一二〇〇キロとほぼ日本列島全体で感ずるという、大揺れだった。地震計による地震観測が日本で始まって以来最大の地震である。

地震調査研究推進本部が実施している長期評価予測で、宮城県沖では三〇年間の発生確率が九九％という高い確率で、M7クラスの地震が発生すると予測されていた。二〇一一年三月九日一一時四五分、牡鹿半島の東一六〇キロの北緯三八・三度、東経一四三・三度の深さ一〇キロを震源とするM7・3の地震が発生し、宮城県の登米市や栗原市では最大震度5弱の揺れが記録された。その後も震度3を記録するような地震が続いていたので、最初に起こったM7・3の地震を本震とする本震―余震型の地震と判断されていた。おそらくこの地域の地震活動に興味と関心を持っていた研究者はほとんど全員が、この時点で発生確率九九%の地震が発生したと考えた事だろう。

ところがその地震より数百倍というエネルギーを放出した、はるかに大きな地震が起こったのである。その結果、三月九日のM7・3の地震は一一日に起こった超巨大地震の前震であったと解釈されるようになった。

地震活動がほとんど無かった地域に、突然一～二個の地震が発生したとする。それから数時間、あるいは数日後に、その発生した地震よりMが1～3程度大きな地震がさらに発生したとすると、最初に起こった地震を「前震」とし、後の地震を「本震」と呼ぶ。本震のあとには必ず余震が伴うので、前震―本震―余震型の地震と呼んでいる。

地震予知研究が始まった一九六〇年代は、前震は大地震発生の予知の一手段として使えそうとの考えがあった。しかし、実際には地震の起こっていないある地域で、突然一～二回小さな地震が発生したからと云って、それが大地震の発生につながると判断することは非常に難しいことが分かってきた。現在では前震を使っての地震予知を考える研究者は皆無だと思う。

三月九日のM7・3の地震から、その周辺のどこかでもっと大きな地震が起こると予測するのは、現在の地震学では、できないことだったし、今後も非常に難しいであろう。

前震がM7・3の大地震であったのに対し、余震もM7クラスの大地震が続いた。三月一一日だけで、M7・7、M7・5、M7・4と阪神・淡路大震災を起こした地震よりも大きな余震が三回も海洋域で発生していた。そしてM9の本震に続いて、それぞれが津波を発生させており、津波の被害を増大させた。

日本列島でM6クラスの地震が起こる割合は一年間に〇〜二回程度だが、本震後の一ヵ月間で七二回も起きている。

大正関東地震では本震から四ヵ月半後に最大余震M7・1が、七ヵ月後にM6・9が起きている。濃尾地震では発生から七〇年後でも、震源付近ではM0〜1程度の微小地震活動が高く、その状態は一二〇年を経ても続いている。東北日本の太平洋岸では、今後数十年間はM9・0の地震による余震活動が続くであろう。

また本震によって励起されたと推定されているM5〜6クラスの地震も日本列島の中で六回発生していた。これらの地震は秋田、新潟、群馬、長野、神奈川、茨城などで発生しており、本震の震源域から三〇〇キロ以上離れているので、余震とは区別される。

牡鹿半島の五メートル三〇センチをはじめ、東北日本の太平洋岸の各地では岩盤が東方向に二〜五メートルも動いたことが観測された。同じく上下方向の変動では牡鹿半島の一メートル二〇センチをはじめやはり数十センチ岩盤が沈下している。

岩手県の三陸地方の海岸には高さ一〇メートルの津波に備えた防潮堤が建設されていた。世界一と称された防潮堤を、軽々と超えて湾奥へと二〇メートル、三〇メートルと高さを増幅させながら津波は進んだのだ。

宮古市田老では、昭和八（一九三三）年の「昭和三陸津波」の教訓から、当時の田老村が海面からの高さが一〇メートル、長さ一三五〇メートルの防潮堤を二五年かけて建造し、一九五八年に完成させた。防潮堤はその後二四〇〇ートルに延長し「田老の万里の長城」と称されていた。地元の一部には「海が見えなくなり、風景が壊された」というような批判も出ていたようだが、一九六〇年の「チリ地震（M9・5）津波」で六メートルを超す津波に襲われたのを防ぎ、十分にその役割を果たしていた。

釜石湾ではチリ津波では被害を受けたが、田老の防潮堤が役立ったことを見て、新に湾口に一〇メートルの防潮堤を三〇年の年月と、三〇億円をかけて建造した。

しかし、超巨大地震の津波はこれらの防潮堤を簡単に超え、かつ破壊して、市街地にまで流れ込んだのである。

岩手県田野畑村では、明治と昭和二回の三陸津波の経験から、「地震が発生したら必ず津波が来るから高台に逃げろ」という格言が、村民全体で語り継がれていた。超巨大地震が発生した時も村民はその教訓に従い、高台に逃げた。その結果三千余人の全村民のうち死者一四人、行方不明約二〇人と全体の一％程度だった。この値は他の市町村の死者・行方不明者の割合の一〇分の一だった。

これらの事実は、津波から身を守るには防潮堤を建造するというハード面ではなく、高い場所に逃げるというソフト面の対応が有効であることを示している。

この津波による被害は近代日本の災害史上最大で、近代的な設備を備えた漁港が次々に破壊され、近代都市になっていた市街地が半日足らずで廃墟となる風景が、映像となって全世界に届けられた。二〇〇四年のインド洋津波でも映像は世界を駆け巡ったが、その時とは比較にならないくらい多くの人々が、ライブで凄惨な津波の恐怖を見続けた。

釜石市沖にはＧＰＳ波浪計が設置されていた。この波浪計では津波の第一波を地震発生後の一五時〇一分ごろから記録し始めた。海面は六分間で二メートル上昇し、次の四分間でさらに四メートル急上昇し、一五時一二分に最高の六・七メートルに達した。さらに一六時三〇分ごろまでに三波の波が到着し、一七時五〇分ごろから波相が変わり、およそ五〇分の周期で、第四波から最後の第七波の二〇時三〇分ごろまで、繰り返し津波が押し寄せた（『次の超巨大地震はどこか？』ソフトバンククリエイティブ、二〇一一、三三頁を参照）。

沖合の波浪計では最高六・七メートルの津波が、湾内に流れ込んでくると、湾幅が狭くなるに従い波の高さは増幅されていった。一〇メートルの防潮堤を簡単に超えて、破壊し陸上に押し寄せた。陸上でも市街地を破壊した後、高台の斜面に向かって昇るように流れあがった。その高さを「遡上高」と呼ぶが、地震後の調査で遡上高は三〇メートル、四〇メートルの地域があったことが分かった。遡上高が二〇メートルを超えた海岸線は三陸海岸から仙台平野にかけ二九〇キロにおよんだ。

この時、気象庁は、沖合の波浪計や潮位計で記録した津波の高さが六メートル程度だったことから、出された津波警報の波高は一〇メートル以下だった。一〇メートル程度の津波では、防潮

図15　気仙沼の港から津波で陸上に押しあげられた漁船

図16　女川漁港近く、土台のパイプごと引き抜かれたように倒れた2階建てコンクリート製の建物

堤が十分に防いでくれると考えた人々は高台へは避難をしないでいて、命を落とした。

現在、近代化してきている観測システムは気象でも地震でも全てデジタル化されている。津波の高さ、揺れの大きさなどすべての判断は示された数値でなされる。この津波警報も同じだった。しかし、アナログ時代の気象庁だったら、田野畑村と同じような「三陸沖で大地震が起きたら必ず大津波が来る」という事実が語り継がれていたであろうから、担当者は躊躇なく大津波襲来に対する警報を発していたはずだ。この件に関しては本章第4節で再度述べる。

プロパンガスで火災が発生したのか炎に包まれながらも内陸に流される家屋、追い迫る津波から逃げようと必死で走る乗用車、市街地を川のように流れながら押し寄せる津波など、高台やヘリコプターから送られてくる映像は、日本国民がそれまで抱いていた津波に対する認識を大きく変えたと思う。特に衝撃だった映像は高台の斜面に避難した人が、押し寄せた津波に足をさらわれ、流されていく様子だった。私ばかりでなく、この映像を見た人すべてが、目の前で元気な人が流されているのに、何もできない自分自身にもどかしさを感じた事だろう。

地震発生後一年の二〇一二年三月までにまとめられた、この一連の地震による死者は一万六二七八人、行方不明者が二九九四人、負傷者六一七六人、住家全壊一二万九一九八棟、住家半壊二五万四二三八棟だった。死者の九〇%以上が水死、家屋の被害の多くが津波によるものだった。震源が沿岸から一〇〇キロ以上も離れていたので、揺れによる家屋の被害は超巨大地震としては大きくはなかった。

私が注目していたのは震度7を記録した宮城県栗原市の被害状況だった。震度を体感で決めていた時代だと、震度7の地域では家屋の三〇%が全壊している。実際栗原市内では五一棟が全壊していたがテレビの画面上では、同市内は外見上ほとんど被害が見受けられなかった。震度計が置かれた場所の地盤が軟弱なのだと推測できるが、栗原市では他の地震でも被害はほとんどないのに震度7を記録している。検討すべき課題だと思う

震源から四五〇キロから五〇〇キロ離れ、震度5弱だった東京都で七人、神奈川県で四人の死者が出ている。震源からこんなに離れた地域で死者が出たのは驚きだが、東京都では老朽化したホールの天井が崩れ、下に居た人が亡くなった。神奈川県では停電で信号機が作動していなかった交差点での交通事故だった。超巨大地震の大きさ、すごさを改めて知らされた。

一口メモ（一六）　海岸で地震を感じたらすぐ高台に逃げろ

海辺に居て地震を感じたら、とにかく近くの高台まで避難して様子を見るのが鉄則である。もしその時、ラジオかスマートフォンを持っていたら、地震の情報を得ることも必要だ。まずラジオから大地震発生の情報が発せられなかったら、揺れを感じた地震は津波を起こすほどの大きさではなかったのだから安心して海辺に戻ればよい。

ある自治体が海水浴シーズンに海岸で津波の避難訓練を実施しているのを見たことがある。ヘリ

コプターも出動しての本格的な訓練だった。ところがその時の担当者は海に入っている人を陸にあげる指示を出しているだけで、海辺から五〇メートルの高台まで誘導しようとはしなかった。これでは訓練になっていない。海岸に着いたら周辺の高台を確認し、地震を感じたらとりあえず高台まで逃げるを実行することが、津波から自分の身を守る大原則である。（第7章第9節参照）

一口メモ（一七）　津波と車

阪神・淡路大震災では大地震発生後、「私的には自家用車は絶対に使うな」が大原則とされた。東日本大震災でも私は同じ考えでテレビを見ていた。しかし、津波から逃げるには車のほうが早いことも確かである。心配していたら、道路の渋滞で車が動けず、車を放棄して逃げたという話が伝わってきた。大地震発生から津波の襲来までは少なくても二〇分ぐらいの余裕はある。普段から足の弱い方たちの津波に際しての避難方法は、それぞれの地域ごとに検討し、やはり車の使用は最小限にすることを目指すべきであろう。

一口メモ（一八）　教師の無知で生徒の命が奪われた

このようなタイトルにすることは、当事者の教師たちには酷かもしれない。しかし、私は何度この問題を考えても、教師および教育委員会が不勉強だったとしか思えない。一九八三（昭和五八）

年五月二六日、「日本海中部地震」（M7・7）が発生した。この日秋田県の山間部の小学校の児童が二人の教師に引率されて、男鹿半島の海岸に遠足で来ていた。一行が到着してバスを降りたところで地震が発生した。揺れが収まり一〇分ほど様子を見ていたが、海面に変化がないので教師は児童を道路から海岸へと連れてゆき、そこで昼食を食べ始めた。そのとき津波が押し寄せ一四人の児童が命を失った。

私が疑問なのは、たとえその時に山間部の学校に勤務していたとしても、秋田県は海に面した県である。それ以前にも児童を海岸に連れて行ったことはあるだろう。そのようなとき地震や津波に備えることを考えてはいなかったのだろうか。一九八三年当時はスマホも携帯電話もなかった時代であるが、バスのラジオで地震の様子を聞くとか、秋田地方気象台に電話をするとか、起こった地震の情報を聞き、安全を確かめてから、児童を誘導すべきだった。地震に対する知識が全く欠如していたのは、教育委員会も同じで、日頃から生徒を海岸に連れていく場合の地震対策、津波対策は頭になく、したがって地震が発生した時のマニュアルもなかったようだ。責められても仕方のない事例と考えている。

2　史上最悪、最大の被害をもたらした地震

地震の大きさを決めるマグニチュードが単なる大きさの比較ではなく、地面のすべり量という物理的要素が含まれるモーメントマグニチュードMwを使うようになってから、マグニチュード9（M9）の地震の存在が分かってきた。気象庁のマグニチュードはMwと同等の式を使っているので、ここではモーメントマグニチュードもMで表しておく。そして、一九五二年のカムチャッカ地震（M9・0）、一九五七年のアリューシャン地震（M9・1）、一九六四年のアラスカ地震（M9・3）、一九六〇年のチリ地震（M9・5）と二〇世紀の後半だけで四回のM9クラスの地震が起きていた。私は一部の研究者やメディアなどがM8クラスの地震を巨大地震と呼ぶので、M9クラスの地震を「超巨大地震」と呼んでいる。

これら四回の超巨大地震は太平洋を取り巻く環太平洋地震帯で発生しており、いずれも太平洋を挟んだ対岸の国々にも津波の被害をもたらしている。チリ地震津波はハワイ島ヒロを襲い、日本にも到達、太平洋岸で死者行方不明者一四二人を出している。この地震による死者は合計七千～八千人と推定されている。

二一世紀に入ってすぐインドネシアのスマトラ島でM9・0のスマトラ地震が起きた。発生した津波はインド洋を伝わり「インド洋大津波」と称せられ、合計二三万人とも二八万人ともいわれる死者が出た。津波としては史上最大の犠牲者数である。

陸上の地震では一九七六年の唐山地震の二四万八千人以上をはじめ、中国ではときどき一〇万人前後の犠牲者が出る地震が起きている。一七五五年にはポルトガルのリスボンで六万二千人の犠牲者が出た地震も起きた。この地震は二五〇〇キロも離れたノルウェーでも感じたという。

日本の地震では死者の数でいえば一四九八（明応七）年の「東南海・南海地震」（M8・2〜8・4）で二万人を越えているのは確実で、これは現在でも日本の津波史上最大の犠牲者を伴った地震である。

しかし、それでも私が東日本大震災を史上最悪、最大と称するのは、この地震によって原子力発電所に事故が発生したからである。この事故さえなければ震災後の福島の復興も順調だったであろうが、震災で亡くなった人の七回忌が済んでも、福島県民の中には故郷に帰れない人が数多くいるのである。地震発生からかなりの年月が経過しても、まだ災害は継続されているのだ。しかもその終わりの予想も完全には見通せていないのが現状である。そんな地震がこれまで地球上で起こっていただろうか。

東京電力福島第一発電所は福島県大熊町と双葉町にまたがり、太平洋に面して位置している。双葉町はフタバスズキリュウという恐竜の化石が発見されておりロマンのある町だった。その発電所が震害と津波の被害を受けてしまった。福島第一原発では、地震が発生した時は、一号機、二号機、三号機が稼働しており、四号機、五号機、六号機が定期検査中だった。運転中の一〜三号機は、地震の発生とともに自動的に運転を停止した。しかし原子炉内で核分裂が止まっても、原子炉内部ではまだ熱を出し続けるので、これを冷やすために炉心に水を循環させる必要がある。ところが地震による停電で、冷却水を送るポンプが作動せず、非常用の発電機を使って始めた冷却水の循環も、発電機が一五メートルを超す高さの津波に襲われ使えなくなってしまったのだ。

その後も炉心を冷やす努力が行われたが、効果なく、作業の途中で発生した水素ガスは原子炉建屋に流れ込み、次々に爆発を繰り返していた。結局福島第一発電所は閉鎖になり原子炉は廃炉になる。泊氏はこの一連の事故を「福島第一発電所の事故は「想定外」ではなく、起こり得べくして起きた事故だった」とまとめている（『日本の地震予知研究130年史』五一一頁）。

私が高校生の頃の一九五〇年代、原子力は第三の太陽として、バラ色の未来があるように教えられた。爆弾でなく人間が使うエネルギー源として無限の可能性があるような話だった。しかし、一方では放射能は人間がコントロールできないものであることも知らされた。

アメリカではスリーマイル島で、ソ連（現在はウクライナ）ではチェルノブイリの各原子力発電所で事故が起こり、その対策に苦慮していることは、東京電力をはじめ、日本の原子力科学者や学界関係者は分かっていたのだろうが、何の対策もしてこなかったようである。

放射能という人間の力ではどうすることもできない、いわば「神の思し召しに頼らなければいけない事象」に手をつっこんでしまったからには、最大限それに従うために、できること、やれること、例えば非常用電源は津波に襲われない安全な場所に設置しておくというようなことをすべきだったが、そのような対策はどんな場面でもほとんどなされなかったために、こんなひどい事故になってしまったのである。

人間の傲慢さなのか、自然を見る目の甘さなのか、自分たちの持つ技術への過信なのか、あるいはそのすべてをミックスしてなのか、気が付いてみれば、穴だらけの状態で原子力発電という、神の手中にあるものを利用し、付き合っていたのだ。それにしては、関係者は何と謙虚さに欠けていたのだろう。関係者の科学技術に対する過信や盲信と自然に従う謙虚さの欠如の集積した結果である。

事故後の対応を見ても、民、官、政どこでも、すべて自然への謙虚さ、畏敬の念の足りなさが事故を発生させたと思えてならない。被災した方々はどなたでも大変で同じような苦労を重ねられている事だろうが、特に故郷を奪われ、生活の術も奪われた福島県民の方々の苦労を考えると、この地震は世界の地震被害史上最悪、最大の地震であったと云って過言ではない。

3 「想定外」の連発

東日本大震災が発生した後、東京のテレビ局に顔を出すのも関西の地震学者が多かったようだ。たぶん東京から北に在住の地震研究者は皆観測や調査で大変だったのだろう。

そんな中で私の目に真っ先に飛び込んできたのは、関西在住の学者二人で、つい数日前までは

「大地震が切迫している」を繰り返していた人たちだった。驚いたことに彼らの口からは「東北地方太平洋沖地震は想定外」という言葉である。地震発生から二〜三日たっていたから、ほかの人も云っていたかもしれないが、少なくとも私は彼らの口から、初めて「想定外」という言葉を聞いた。

やがて「想定外」は一種の流行語になり、地震研究者の一部や防災の専門家も使うようになった。都合の悪い事にはすべて「想定外」と云えば、許される雰囲気が醸成されていった。しかし、東北地方太平洋沖地震は本当に「想定外」だったのだろうか。

インド洋大津波以後、日本でも超巨大地震の発生が心配され始めた。地震計の無い時代の地震のマグニチュードは被害地域の面積などから推定されている。その場合はM8・4〜8・5程度が最大の地震となる。チリ地震もM8・5と推定されていてMwの導入でM（Mw）9・5と求められたのだ。したがって日本でもM8・4クラスの地震が起こっていたらそれは超巨大地震クラスの地震の可能性があるとみてよいのだ。南海トラフ沿いにはそんな地震が少なくとも二回起きていた。

そのひとつが一四九八（明応七）年九月二〇日の地震である。前節で日本での津波災害史上最大の地震と述べた地震だ。静岡県の浜名湖では太平洋との間の砂州の一部が崩れ、現在のように海につながり汽水湖になった。震源は東海道沖の北緯三四度、東経一三八度と推定されているが遠州灘の沖合八〇キロぐらいになる。遠州灘から熊野灘沿岸に大きな津波の被害をもたらした地震である。なお一部ではこの地震によって鎌倉大仏の仏殿が流されたと云われているが、それは間違いで、鎌倉大仏は一四八六年にはすでに露座であったことが文献から分かっている（『次の首都圏巨大地震を読み説く』三五館、二〇一三、三七頁）。当時の鎌倉幕府の力から、その後一〇年程度で大仏殿が再建された可能性はないと考えられている。この明応七年の地震はM8・2～8・4と推定されており、超巨大地震、あるいはそれに近い巨大地震であったことは間違いない。

一七〇七（宝永四）年一〇月二八日の宝永地震は紀伊半島の南三〇〇キロの北緯三三・二度、東経一三六度付近が震源と推定されているM8・4の地震で、超巨大地震の資格が十分にある地震である。現在で云う東海地震と南海地震が同時に起こった地震で、震源が海上なのに家屋破損約六万棟、家屋流出約二万棟、死者およそ二万人を数える。約二ヵ月後に富士山が噴火し、宝永火口が出現した。この事実から研究者の中には、フィリピン海プレートの北側で起こる東海地震、南海地震、さらに関東地震と富士山の噴火を密接に結びつけて、心配する人がいる。地震発生と富士山噴火の時期が明らかに接近していると云われるのはこの地震だけである。私は両者の間には、その親がフィリピン海プレートの日本列島への沈み込みであること以上に直接の因果関係はないと考えている。

ただ超巨大地震の可能性のあるこの二つの地震の発生間隔はほぼ二〇〇年で、一〇〇〇年に一度というには、間隔が短い。しかし超巨大地震と呼んでもおかしくは無さそうな地震が記録のある一三〇〇年間に二〇〇年という短い時間にたまたま二度起きていたのかもしれない。新しい資料が発見されない限りこの問題は解決できない。

東北日本の三陸沖、日本海溝沿いには八六九（貞観一一）年七月一三日にM８・３の地震が起こっており、「貞観地震」とか「貞観の三陸地震」などと呼ばれている。一一五〇年以上も前の地震であるが、福島県を含む東北地方の沿岸には、内陸奥深くまで津波が襲来した。当時の東北地方は人口も極めて少なかったと思われるが、それでも溺死者が千人と推定されている。超巨大地震か否かは別にして、大津波を起こした巨大地震であることは間違いない。

したがって太平洋岸の地震に興味関心を持って調べている研究者なら、超巨大地震クラスの地震が発生する可能性のあることは理解できていたはずである。東北日本太平洋沖地震は決して「想定外」ではなく、むしろ想定されていたのである。想定されていたにもかかわらず、なぜあまり話題にはならず、心配されなかったのだろうか。

一口にいえば「そのような地震（M９クラスの超巨大地震）が起こることが怖かった」のだ。学者、研究者はもちろん、政府も、行政も、M９クラスの地震の発生が広言されれば、その対策を始めなければならない。東北太平洋岸には日本の原子力関係の施設が並んでいることを、ひそかに心配していた人がいたかもしれない。一九六〇年のチリ地震津波では、太平洋のはるか彼方から襲来した津波によって一四二名が犠牲になっている。そんな地震が近くで起きたらどうなるかを想像したくない、考えたくないというのが多くの人々の偽らざる気持ちだったと思う。

これまでに自分たちが経験したことも無い大きな地震に対処するためには綿密な計画と膨大な

予算が必要である。東海地震発生説で一応の巨大地震対策はしたつもりであり、その後は大震法にも振り回されているのに、それ以上のことは「勘弁してくれ」というのが当時の関係者の正直な気持ちだったであろう。

学者・研究者も、もし超巨大地震が起これば未曽有の大災害になることは分かっていた。それだけに千年に一回程度だから、当分の間は大丈夫だろう、まさか自分の生きている時には起きないだろうと、安易に考えて、強く発言することを控えていたのではないか。私は自分自身を含め、このような潜在意識が専門家の間には流れていたと考えていている。

私自身、一九六四年のアラスカ地震も研究したことがあり、まだMwが提唱される前だったが、とにかく大きな地震が環太平洋では発生する可能性は十分認識しており、日本列島太平洋岸もその中に含まれると考えていた。いずれは日本列島でも起こるだろうが、そんな状況は見たくないし、起こるとしても自分が死んだあとであろうなどと考えていた。アラスカ地震のあとで現地に行ったとき、震源地付近の地価が何エーカーだか何十エーカーだかの広大な土地がたった二五米ドル(数千円)だと聞き、ほとんど価値がないのと同じだと、驚いたことを記憶している。M9地震は大変なことを引き起こすという漠然とした恐怖だけは持っていた。だから起こることを考えたくなかったのだ。したがって東北地方太平洋沖地震が起こったときは、その後ろめたさから解放された、日本中が千年に一度の超巨大地震を認識したという一種の安ど感を抱いた。

二〇〇四年のインド洋津波以後、自分の住んでいる相模湾沿岸の湘南地域の津波の被害について改めて考え始めた。私の住んでいる町は津波には襲われないという言い伝えがあり、私もそれを信じていた。もちろん盲信ではなく、私なりの理由はあった。

まず考えたのが「鎌倉大仏の大仏殿が明応七年の津波に流された」という史実である。私は地震学を学ぶようになってからは、大仏殿を破壊するような津波が、本当に起こったかを疑問に思っていた。もちろん今から五〇〇年以上前の出来事だから、海岸線は現在よりは内陸にはあったとしても、やはり十数メートルあるいは二〇メートル近い高さの津波が大仏を襲ったとは考えにくいと思っていた。

専門が国語の鎌倉在住の友人にこの話をしたところ、彼は早速、万里集九の『梅花無尽蔵』を見つけ出してくれた。そこには一四八六年に、すでに「大仏は露座」だったと記述されており、当時の鎌倉幕府の実力から、その一〇年後の明応年間までに大仏殿が再建された可能性はほとんどなく、またそのような史資料も残っていない。したがって先に述べたように明応七年の地震の時には大仏殿は存在せず、鎌倉大仏が露座であったことは、明らかであると云える。

超巨大地震クラスの一つである一四九八（明応七）年の地震でも、鎌倉（湘南海岸）に被害をもたらすような津波が起こらなかったことは、私には朗報だった。超巨大地震が発生しても、我が家（湘南海岸・相模湾北岸一帯）は大丈夫だという漫然とした安心感、そしてM9の地震の起こるのは千年に一度ぐらいだから、自分の生きているうちには起こらないだろうという根拠のない理由などから、あまり心配していなかった。地震研究者の一人としてその危険性を広報すべきとは考えたが、やはり世の中の混乱を考えると沈黙を守ってしまったのだ。「想定外」を連発した人たちは、明らかに自身の無能を認めたか、自身の怠慢の言い訳をしているに過ぎなかった。

一口メモ（一九）　長周期地震動

大地震が発生した時、ゆっくりとした周期の長い揺れが発生することは気付かれていたが、このような震動を「長周期地震動」と呼ぶ。長周期地震動は高層ビルを長時間にわたりユサユサと揺らし、遠方まで伝わってゆく。この現象が改めて注目されるようになったのは、東北地方太平洋沖地震からだった。

四〇〇～五〇〇キロ離れた東京でも高層ビルが大きく揺れ、家具類の移動、転倒、落下などの被害が出た。天井が落下したり、スプリンクラーやエレベータに障害が発生したこともあった。たとえ遠方で起こった地震でも高層ビルではゆっくりした揺れが一〇分間も続くことがあるので、日頃から家具の固定や照明機器の落下などへの備えが必要である。

長周期地震動は震度では表せないので、気象庁は「長周期地震動階級」を設けて、次のように階級1から階級4の四段階に分けて、危険度の目安としている。

階級1　・室内にいたほとんどの人が揺れを感ずる。驚く人もいる。
　　　　・ブラインドなど吊り下げものが大きく揺れる。

階級2　・室内で大きな揺れを感じ、物につかまりたいと感じる。物につかまらないと歩くことが難しいなど、行動に支障を感じる。
・キャスター付きの家具類等がわずかに動く。棚にある食器類、書棚の本が落ちることがある。

階級3　・立っていることが困難になる。
・キャスター付きの家具類等が大きく動く。固定していない家具が移動することがあり、不安定なものは倒れることがある。

階級4　・立っていることができず、はわないと動くことができない。揺れにほんろうされる。
・キャスター付きの家具類等が大きく動き、転倒するものがある。固定していない家具の大半が移動し、倒れるものもある。

4　M9シンドローム

日本で超巨大地震が発生したことで、何か日本中で地震に対する考えが狂ってしまったようだ。地震でも、火山でもとにかく、大きな網をかけ、「危ない」を連発しておけば、関係者は「想定外」を云わなくても責任は免れると考え始めたようである。私はこの現象を「M9シンドローム」と呼び揶揄している（『首都圏の地震と神奈川』有隣新書、二〇一一。『次の首都圏巨大地震を読み解く』三五館、二〇一三）。

私は最初にM9シンドロームに感染したのは気象庁だと思っている。明治三陸地震津波、昭和三陸地震津波などの経験から気象庁でも、「三陸沖で大きな地震が起こったら大津波が発生する」は格言だったはずである。おそらく気象庁は地震発生から一分以内には、震源は三陸沖、しかも東京で震度5の揺れが起きていることから、アナログ時代なら当然、経験的に大津波の警報を出していたであろう。

しかし、デジタル化の現在は現れる数値に頼ったのだろう。気象庁はまずM7・2として、緊急地震速報を発表した。三分後にはM7・9と修正されたが、まだM8にはなっていない。最初の頃のデータは、地震が起こっているときのデータである。長さ四五〇キロの断層がまだ一〇〇キロぐらいしか割れてないときの波のデータから地震の大きさを予想していたのだ。当然小さく出るのは当たり前で、気象庁も地震のメカニズムから、最初の頃の波は地震が終わったときの大きさを反映しないことは十分に分かっていたと思うが、デジタル化で数値に頼っている結果、地震の大きさを過少に評価していたのではないかと想像している。

また石巻沖の波浪計では津波の高さが六・七メートルだから、大きな津波にはならないと判断して、津波の高さを低く予想し、防潮堤で十分に防ぐことのできると判断した住民が逃げ遅れて命を落としたと批判されることになった。この数値ではリアス式海岸の特徴である、V字型の湾口では、津波の高さが低くても、狭くなる湾奥では幅広い湾口のエネルギーが集中して波が高くなることが、どの程度考慮されているのか疑問である。

気象庁は火山でも同じような失敗（というのは失礼かもしないが）をしている。二〇一四年九月二七日一一時五三分ごろに噴火した木曽御嶽山の場合である。御嶽山は人類がその噴火を確認したことがないので「死火山」と定義され、二度と噴火をしない山とされていた。ところが一九七九年に突然噴火をし、火山学者を驚かせた。その後火山学では「休火山」「死火山」というような定義は使われなくなった。

この噴火以来、御嶽山は一九九一年、二〇〇七年にも小規模な噴火を起こしていた。御嶽山にも地震計が設置されるようになり、平常時はほとんど観測されない地震だが、二〇〇七年の噴火の前には一日五〇回を超す地震が起こっていた。二〇一四年にも八月末から地震活動が始まり、九月一〇日に五〇回を、一一日には八〇回を超す地震が発生していたのだ。噴火こそ起きていないが、御嶽山の下では異常な地震活動が起こっていたのである。地震の数はその後、一日に一〇～二〇回程度に減っていたので、気象庁は「地震活動がある」という事実だけを報告していたようだが、警告のようなものは出していない。

結果は山頂からの突然の水蒸気爆発で、大小無数の岩塊が飛ばされ、五〇名を超す登山者がその直撃を受けて亡くなった。現在の知識やシステムでは警告を出すことは出来なかったとは思うが、少なくとも気象庁は地元自治体に対して「二〇〇七年の噴火以来初めての異常な地震活動が発生している」という情報は出してもよかったのではないか、また地元自治体は登山者に「異常な地震活動が続いているので噴火の可能性もあるから注意」という程度の注意報は出せたのではないかと考えている。

この二つの出来事から、気象庁や地震研究者、さらには政府や官は慎重になり、何事にも大きな網をかけ、「想定はしていますよ」というような説明が始まった。千年に一回の極めて珍しい超巨大地震も、何十年から一〇〇年に一回の巨大地震も、M7クラスの大地震も、すべてM6クラスの中地震と同じように発生するという感覚で注意が促されるようになった。この日本の現状が「M9シンドローム」でなくて、どんな呼び方があるだろうか。

その後、地震では政府の網掛けは南海トラフ地震にも向けられ、それまでの対策が再検討された。気象庁は火山の周辺で異常が起こると、登山や入山規制が厳しくなった。M9シンドロームはいつまで続くのだろうか。私は人々がマンネリズムに陥り、危険、危ないと云われても何も行動しなくなることを心配している。

一口メモ（二〇）　テレビで示す学者馬鹿

大地震の発生や火山が噴火した時は、テレビ局は専門家を呼び解説させる。多くの場合は、一般的説明と、その後の注意喚起で終わる。とにかく司会者は一つの結論として、「次に備えて注意しろ」というようなことを専門家から引き出して、一つの締めにしている。そんなテレビ局の空気を察知してか、地震の学問的知識を開陳するためか、ピント外れの解説をする、あるいは解説をさせるテレビ局や司会者がいるし、それに便乗する専門家がいることは事実である。

二〇一五年四月頃から神奈川県箱根山で群発地震が起きていた。約三〇キロ離れた富士山では山体に亀裂が現われた、河口湖の水面が低下し湖上の島まで歩いて行けるなどという異常が報告されていた。そんな時、ある日の日中に地震が発生して箱根ロープウエーの大涌谷駅に設置した震度計が震度4だか震度5を記録したので、ロープウエーは規則に基づいて運行を全面的に停止した。結果的にその時の地震は大涌谷駅直下で発生した極めて浅い局所的な地震で、ほかの観測点ではほとんど観測されない小さな地震だった。

この状況の下であるテレビ局に出演した地震学者は次のように解説していた。「富士山の異常は山体の膨らみを示している。膨らみの原因はマグマが上昇している可能性を示している。また富士山と箱根はたった三〇キロしか離れていない、箱根山の噴火の可能性も高い」と云うのだ。

富士山の亀裂や湖面の低下は降水などによる極めて表面的な現象で、噴火などとは全く関係ない事は地元では十分に分かっている現象である。専門家なら噴火の源のマグマの存在の有無を解説すべきなのに、そのような言及は一切せず、地震が起こった箱根山の噴火の可能性を云い出したのである。富士山も箱根も溶岩の流出するような噴火があったら文字通りの一大事である。テレビ局でも発言させた以上は、その後の検証をする後追いの番組を組むべきなのに、そのまま云いっぱなし、云わせっぱなしで、その後は何もなかった。その場しのぎのいい加減な発言をする学者と、その発言を検証しない局の悪例である。

同じ局、同じ学者で次のようなことがあった。二〇一九年六月一八日夜半、山形、新潟県境の海上でM6・8の地震が発生した。その翌朝、番組に出演した学者は、一般的な説明の後、付近の地殻は大きな圧力を受けているから、火山の噴火も心配であると述べた。地球物理学の講義をしているのではない。地震の被害で大騒ぎしている地域があるのだ。少しでも安心できる情報を提供すべき時期なのに、何の兆候もない火山噴火に言及したのである。付近で噴火の可能性がある火山は山形・宮城県境の蔵王であるが、もちろん地震発生以前に噴火の兆候のニュースは流れてはおらず、地震の被災地からは一〇〇キロ以上も離れている。全く無用な発言だった。この突然の噴火の可能性の発言には司会者も戸惑っていた。ただ単に、自分はこんなに知識があるんだという自己顕示欲を満足させる発言としか受け取れなかった。そのような人に意見を求め続ける局の姿勢も問題だが、本人はまったく反省は見られなかった。

別のテレビ局で大々的に大地震発生の恐怖の番組を組んでいた。その中で出演した専門家は「海辺の知らない土地で地震に遭遇して、津波の心配がある場合には、すぐスマホで地図を出し、高台を探して逃げなさい。私はいつもスマホの地図を見ています」というのである。私もたまにスマホの地図を見るが、津波で逃げる高台が分かるとは思えない。仮にそのような表示があっても、津波から逃れる緊急事態のとき、それを読み取れる人がどのくらいいるのだろうか。地図を見た人がいたとしてもその一割程度以下ではなかろうか。

そんなことより、津波に襲われる可能性のある市町村なら、「津波の時は此方へ」という、高台や津波避難タワーや避難ビルの所在へと導く標識や看板の設置を提言するのが実用的なはずである。私はこうした事例を眼にするたびに寺田寅彦の言葉を思い出す。研究者の発言の重さはいくら強調してもしすぎることはない。

5　焦点は南海トラフ沿いの地震

東日本大震災が起こっても、東海地震、東南海地震、南海地震は発生の可能性がなくなったわけではない。しかし、なぜかその発言を繰り返していた人たちから「大地震が切迫している」との声が聞かれなくなった。「想定外」を云い続けた反動なのかもしれないが、私から見れば、それまでの主張は何だったのかという、彼らの学者としての良心を疑わざるを得ない。

三陸沖でのM９地震の発生で、縛りが解けたかの如く、南海トラフ沿いの巨大地震の発生が議論されるようになった。東海、東南海、南海地震が連動して発生すれば、当然M９クラスの超巨大地震になる可能性はある。中央防災会議はその検討を二〇一一年八月から始め、一二月には「南海トラフで発生する巨大地震の想定震源域・津波波源域」が公表された。

それによると、震源域の東の端は駿河湾の富士川河口断層で、フォッサマグナの南端に位置している。西側はそれまでは四国沖までと考えていたのが、日向灘に延び宮崎県の日南海岸あたりまでが震源域とされた。陸上では静岡県、山梨県、愛知県、紀伊半島南部の三重県、奈良県、和歌山県と四国の北部を除くほぼ全域が含まれた。波源域は海岸線から数十キロから一〇〇キロ程度沖合の、プレート境界の深さ〇～四〇キロとされた。想定震源域・波源域の面積はおよそ一四万平方キロで、この面積から推定される大きさはM9・1であった。立派な超巨大地震になる。

ただ原案を作成した担当者はとにかくM9を実現させるために、かなり無理をして断層をつなげていったと云っていたので、このような地震はそう簡単には起きないだろう。自然界に於いてまったくの偶然が重なって発生する、最悪な場合の見積もりとでも考えておいた方がよい。

震源域、波源域が見積もられたので、それによって震度や津波の高さが改めて求められた。被害が確実に出る震度6弱以上の揺れに見舞われる自治体は神奈川県西部から宮崎県にかけて、二四府県六八七市町村になる。最大波高が一〇メートル以上の津波に襲われる地域は東京都・伊豆諸島、静岡県から鹿児島県までの太平洋岸の一一都県九〇市町村におよぶとされた。最大波高三四メートルを示された高知県黒潮町では、それまでに予測された高さが十数メートルだったので、どう対処してよいか分からないとの関係者のコメントがメディアに紹介されていた。

また最悪のケースとして三二万三千人の死者が予想され、そのうち二三万人が津波による死者で、八万二千人が建物の倒壊などによる死者などと発表された。それまでに知らされていた数値の二〜三倍の被害が示され、驚いた人々が多かったと思う。ところがその驚きに追い打ちをかけるように、「私は死者の総数を四〇万人とみています」と私見を発表した学者がいた。その人は「大地震が切迫している」を連呼していた一人で、南海トラフ沿いの地震についても、意見を云っていた人である。会議の結論をわざわざ否定するような発言をなぜするのか、理解に苦しんだ。

報告書では、その発生時期に関しては、全く予想できないとしている。そのような超巨大な地震の発生確率は、地震の長期評価もできないからである。しかし、被害数値を示された自治体は何とか対処しないといけないと考えるだろう。一般住民はどう対処してよいか分からず、「そうなんだ」とただ聞き置くという程度の反応になってしまう。過去の発生年代も確定できず、長期評価もできない、いつ起こるか分からない事象に対し、大々的に宣伝、広報する必要があるのだろうか。私の素朴な疑問である。

二〇一三年には「南海トラフ地震防災対策措置法」が成立し、体制を改めて、研究も進めることになった。

一口メモ（二一）　中央防災会義

一九六一年に災害対策基本法によって設置された国の重要政策に関する会議の一つである。内閣総理大臣が会長で、防災担当大臣以下全閣僚や関係機関の長、学識経験者などで構成されている。国の防災基本計画・地域防災計画の作成と実施の推進、非常災害への対応などがその主な役割である。首都圏直下型地震の専門委員会なども設置されている。

南海トラフ沿いの今後の地震活動も、まずこの会議で検討されるのだが、住民が理解しやすい情報発信になるか否か、興味を持って眺めている。

第7章　「でも地震は起こらない」

1　地震発生説の総括

一八八〇年の横浜地震で地震学会が創設され、日本では世界に先駆けて「鯰が暴れて地震が起きる」などと考えられていた地震が、科学の目で研究されるようになった。一八九一年に濃尾地震が発生して、「震災予防調査会」が発足し、地震の災害防止と事前予測を目的に国家として地震現象を研究する体制が整った。

その一つの成果が『大日本地震史料』（『震災予防調査会報告第四六号（甲）』、明治三七（一九〇九）年）の編纂であった。大森房吉、今村明恒らはこの史料を基に、日本列島では「地震は同じ場所で繰り返し起こる」、「地震の空白期間がある」などの概念を得ていた。二人とも地震による被害の軽減、特に火災の発生を未然に防ぐことを目的にして、石油ランプに代わり夜間の明かりを確保するため、電灯の普及を奨励、火災発生時の消火に備え水道の普及の必要性を説き、啓蒙を続けていた。

その過程で、メディアを通して大地震発生説が浮上し、世間の注目を集めた。結果として、大地震発生の警告から一八年後に、大正関東地震が発生し、今村は地震を予測したと有名になった。

地震がほぼ同じ地域で繰り返し起こる以上は、「地震発生の可能性がある」と云い続ければ必ず当たることは、すでに書いた通りである。

今村は一九三〇年東大教授を定年退官した後、和歌山県を中心に私財を投じて観測網を設置し、南海地震に備えた。第二次世界大戦末期で、観測の資材も十分でなく、直前予知ができず、今村自身は失望したようだが、一九四四年に東南海地震、一九四六年に南海地震が発生した。退官してから一四〜一六年目の事であるが、長期予測的には当たっていたとの評価を受けた。

大正関東地震は一七〇三年の元禄関東地震から二二〇年目に起きたのだが、過去の例からは二五〇年の間隔で発生する可能性もあったので、今村にとっては幸運だったと云えるだろう。また南海地震も安政南海地震からほぼ九〇年と南海トラフ沿いの巨大地震の発生間隔としては、異常に短い時間間隔で起きていた。

第二次世界大戦直後の四回の地震発生説のうち三回は地殻変動とか地磁気の変化を検知しての予測である。これらの現象は今日でも地震の前兆現象の一つとして異常が現れる可能性があるとは考えられている。しかし、現在は地震の前兆現象として一つぐらいの観測項目が異常を生じても、すぐ飛びつく研究者はいないであろう。地震現象は総合的に見てはじめてその本質が明らかになることが分かってきている。現在でも電磁波で予知するというような、同じ趣旨の予知情報が流されたこともあるが、地震予知にはつながっていない。

秩父地震説は「神がかり的手法」と評した人もいたが、一時は発表した本人は時の人になり、その後の落差が大きかったようだ。この四つの地震発生説は情報化社会の現在とは異なるが、地震学は地震発生という話になったところで社会との結びつきが強いことを、理解して発言すべきであることを示している。

一九七〇年代の東海地震発生説も、発表以来今日まで四〇~五〇年の年月が経過しているが、まだ発生には至っていない。「明日起こっても不思議ではないが、二〇年後かもしれない」、「一〇年後かもしれないが一〇〇年後かもしれない」などは、当時東大教授で、大震法制定の審議に際しては国会でも説明し、地震予知連絡会会長などを務めていた浅田敏がしばしば使った言葉だった。浅田のこの発言を私は「地震がいつ発生するかは分からない」と云い続けているのだと解釈していた。

今村の場合とは違って、地震が起こっていないので現在までのところ、提唱者は英雄にはなり損ねている。しかし、地震発生を心配し減災を説きたい信念からの発生説であったのなら、現在も発言は続けるべきである。

東海地震発生説の中で制定された大震法も、その機能を発揮することなく、方向転換を余儀なくされたが、現在になってみると、一体あの騒動は何だったのかと疑問を持ってしまう。しかし静岡県を中心に地方自治体の地震への関心を高めたことは間違いない。国中の防災対策が大きく前進するきっかけになったことは確かである。

「大地震が切迫している」と云い続けた人たちは、今何を考えているのだろうか。その後の行動を散見すると、何の反省もなく、相変わらずその場その場に応じた自説を展開しているようだ。まさに「忘却とは忘れ去ること也」で過去に何を発言していたか、その結果がどうなっているかが問題ではなく、自分がどれだけ世の中に注目される発言をするかに関心があるようである。無責任な発言に振り回される一般の人々こそいい迷惑である。ただ「切迫しているという大地震」は発生していないので、信念を持って云ってきたのならやはり発言を続けるべきだと考える。

地震学が発足しておよそ一四〇年、その間に数多くの「大地震発生説」が登場し、たびたび社会問題にもなった。しかし今村明恒以外に、発言通りに地震が発生した例はない。地震学者、研究者はこの事実を厳粛に受け止め、安易に地震発生説を述べるべきではないと考える。地震学は地球科学の一分野であり、千年、万年の時間スケールどころか、何千万年、何億年の時間スケールをいとも簡単に口にするが、社会との接点においては決して浮世離れした学問ではないのだ。自説の発表には厳しい自己管理が要求されることを改めて指摘しておく。

一口メモ（二二）「東京直下型地震は近い」と云った人たち

東北地方太平洋沖地震の発生で世間が混乱している時の話である。ある新聞が一〇人の地震学者に「超巨大地震の影響で東京直下型地震は近い将来起こる心配はないのか」というアンケートをして、その結果が記事になっていた。一〇名の地震学者の中には、この人は本当に地震の専門家なのかと疑問視される人もいたが、とにかく全員が「起こる」と答えていた。同じような質問・調査が週刊誌でも行われ、こちらは七人に質問し、六人が「起こる」と答え、一人だけが「そのようなことは学問的に証明されていないので分からない」と答えていた。「近い将来」の解釈は人によって異なるが、長くても五〜六年であろう。でも今日まで起こっていない。そして起こるかどうか分からないと答えたのは私だった。私以外は全員が起こると答えたのだが、まだ起こっていない。近い将来を一〇年間としても答えは変わらないし、結果も同じであろう。新聞も週刊誌も一度自社の報道の検証をし、アンケートをした人たちにも再度意見を問うべきではないだろうか。アンケートの時は「可能性あり」と答えるのが相手の期待する答えだったようだ。

2 大震法の方向転換

「大地震の発生が予知されたら警戒宣言を発する」という「大地震対策特別措置法（大震法）」が、大きく方向転換をした。方向転換と云うと聞こえがよいのかもしれないが、事実上の廃止である。第二次世界大戦末期、日本では軍部の戦況の発表は、「負け戦の撤退」すべてを、方向転換とか変針と云ったそうだが、そんな古い言葉を連想させる方向転換である。

二〇一七年八月二六日、日本のメディアは「実際に東海地震を予知することは難しいから、事前に発せられるはずの「警戒宣言」は不可能である、警戒宣言の発生を受けて地震に備えるというシナリオは無くなり、大地震は突然襲ってくるからそのつもりで対応するように」と一斉に報じた。大震法は制定されて以来、一度も警戒宣言を発することなくその役目を終えたのだった。その間に日本では、一九九五年に「阪神・淡路大震災」、二〇一一年に「東日本大震災」などが発生していた。この間に地震で亡くなった人の合計は二万五千人を超えるであろう。

一九六五年にスタートした日本の地震予知研究計画の第三期目の一九七八年に大震法は制定された。一九七〇年代に一部の研究者によって提唱された「東海地震発生説」は政治家をも巻き込んで法律の制定になったのだ。すでに記したが当時の地震予知研究には勢いがあった。中国で「海城地震」の予知に成功したというニュースは日本国内でも大きく報道され、地震予知は日本でも可能であるという土壌が形成されていった。

研究者の中には地震予知はできないとの意見もあった。寺田寅彦以来の地震は確率現象だからその発生予測はできないという原則論であったが、当時は少数意見で、地震学会の体制は地震予知が可能だろうと考え、大震法は成立した。

大震法に逆風が吹き始めたのは阪神・淡路大震災が発生してからだった。世論は地震研究者たちになぜ予知ができなかったのかと批判を浴びせた。三〇年以上も観測を続けたのに、地震の前兆と思われる現象を検出できていない現実と、地震予知研究計画や大震法にかかわったリーダー格の多くが鬼籍に入り、地震研究者間の空気は次第に地震予知は難しいという方向に傾いていった。現役研究者の中には年寄りが昔決めた事へのツケを払わされるのは嫌だという気持ちもあったろう。それに追い打ちをかけたのが東日本大震災の発生であった。ほとんどの専門家が「想定外」という言葉を使って、予知ができなかったことへの説明としていた。そしてついに予知は不可能と方向転換の発表がなされたのである。方向転換とはいっても実質的には大震法の敗北であった。

「想定外」を云わないために、政府関係者は次の巨大地震は南海トラフ沿いの地震とターゲットを絞りこんだ。東海地震を拡大させたのである。今後は気象庁が地震評価検討委員会を開き、南海トラフ沿いの諸データを精査し、その結果を定例情報として発表する、もしデータに異常が見られれば「南海トラフ地震に関連する情報」というような臨時情報を発表して、住民に注意を呼びかけることになっている。地方自治体からは臨時情報が出たとき自治体としての対応をどうするのがよいか、疑問や不安が出されている。

過去五〇年以上の観測に於いて大地震発生の前兆らしき現象はまだ捉えられたことはない。後追い的に前兆があったという人はいても、事前に「これは大地震の前兆」と明言した研究者はいない。阪神・淡路大震災でも、東日本大震災でも前兆は検出されていない。南海トラフ沿いの地震に関して（あるいは他の地域の地震でも）、地震発生の前兆としての異常を識別できるのかという疑問は残る。

一般住民は発せられる臨時情報をどのように受け止めたらよいのか、分かり易い情報発信であってほしいと願う。しかし「南海トラフ沿いで少なくとも巨大地震（M8クラスの地震）が起こる可能性がある」というような分かり易い臨時情報は期待できないだろう。「〇〇のデータに異常が見られるから注意」というような、一般的にはどんな現象が起こり、どんなことが考えられるのか、どんな注意をしたらよいのかなどの説明はなく、なかなか理解しにくい情報が発せられるのではと予想している。

日本の大地震への対策は、これまでの「予知をして、災害を少なくする」という方針から、予知はできないので「常日頃から地震への対策を考えておく」に変更になったのだ。そして臨時情報が出されたら、あらかじめ考えられていた対策を講じて、災害を最小限に食い止めることが、基本方針である。日頃から地震への備えを怠らないことが肝心だということだ。しかし、人間である以上、毎日毎日地震発生の恐怖におびえて生活することはできない。個人個人がどう対処すべきかの私の考えは、第9節で詳述する。

一口メモ（二三）「地震予知は年寄りの仕事」

この言葉を云ったのは「近代地震学の巨人」（朝日新聞東京版二〇〇五年六月一三日）と呼ばれた安芸敬一（一九三〇〜二〇〇五）である。一九六一年、アメリカの留学から帰国したばかりの東大地震研究所助手の安芸に、指導教官の萩原は私の指導を依頼した。安芸がアメリカ滞在中に研究した地震の表面波を使っての研究法を用いて日本の地下構造の研究をさせる為であった。私は萩原からは地震の実体波（タテ波、ヨコ波）の解析を、安芸からは表面波（ラブ波、レーリー波）の解析を指導される幸運に浴した。

一九六五年ごろ、助教授になっていた安芸との雑談の中で、安芸がポロリと云ったのがタイトルの言葉である。当時の地震研究所は地震予知研究計画の第一年度で大変な時期であった。安芸が何気なく云った言葉であるが、その意味するところが大きいのは後で気が付いた。

安芸は翌年アメリカ・マサチューセッツ工科大学（ＭＩＴ）の教授となり、地震研究所を去った。そのころ私も博士号を取得し、安芸研究室の助手になり、南極観測に参加する準備に多忙を極めていた。安芸が去る寂しさを感じる間もなく南極へ出発した。

南極に行ってから私は安芸の言葉を何回も反芻した。そして安芸は地震予知が不可能なことに気が付いていたんだと思いあたったのだ。功なり名遂げた教授たちだったら、予知の成果が上がらなくても、大したダメージにはならないと思っていたのかもしれない。

図17　安芸敬一（1930～2005）は地震学ばかりでなく、晩年は火山噴火予知にも興味を示していた

安芸は坪井忠二の高弟であるから、寺田寅彦の孫弟子にあたる。読書家の安芸は当然、寺田の書いたものは何回も読んでいたはずで、地震予知の不可能論や地震の統計的な予測の重要さを理解していた。しかし、坪井や萩原が地震予知研究計画を進めることに表立って異を唱えることはできなかったのだろう。地震研究所に籍を置き地震予知研究計画においても当然主要メンバーとして参加しないわけにはいかないが、地震予知は不可能である。そこで私にはそれとなく上の言葉を残し、自分は日本を去ることにしたのだと気が付いたのである。

安芸からは私が極地研究所に移ってからも連絡をもらい、来日の折には必ず食事をしながら近況報告をした。「君がちゃんとやっているので安心した」とまで云ってくれた。

地震研究所の中堅スタッフの安芸は地震予知研究計画から逃れることはできないので、地震研究所を去ったのである。彼の慧眼通り日本の地震予知計画も期待通りには機能しなくなった。地震予知には懐疑的だった安芸だが、その後火山噴火の予知は可能と、アメリカからフランス領レユニオン島の火山観測所に移り、晩年は噴火予知の研究をしていた。あるニュージーランドの火山学者との議論の最中に、私の名前が出たらしく「カミヌマは私の最初の学生だと、アキは誇らしげに云っていた」と、彼から聞いて出来の良くない学生だった私はうれしかった。安芸とは私も火山に関しても何回か話し合っていたが、レユニオン島の次の火山噴火は予知可能と期待していた。しかし実際に噴火が発生したのは彼が脳溢血で亡くなった二年後だった。

3　地震予知最大のウイークポイント

一九六五年に始まった日本の地震予知研究計画では、すでに述べているように予知すべき地震を以下のように明確にしていた。

予知すべき地震　内陸から日本海側で起こるM7・5クラスの地震。
　　　　　　　　太平洋沿岸の海溝沿いで起こるM8クラスの地震。

㈠　いつ（数日から一週間程度前）
㈡　どこで（都道府県単位からできれば〇〇県東部という程度）
㈢　どのくらいの大きさ（M7〜8）

しかし、その後予知研究計画に参加していない地震研究者、メディア、街の科学者などの発言、発表では、この定義も極めてあいまいになっていた。そして、計画発足から五〇年が経過しても、この三要素を明示した「地震予知」情報は発せられなかった。その間には内陸から日本海側で起こった地震として、一九八三年の「日本海中部地震」（M7・7）、一九九三年の「北海道南西沖地震」（M7・7）など、それぞれ一〇〇人以上の犠牲者が出ている地震も起きており、予知して欲しかった、あるいは予知すべき地震も発生していた。

地震現象は地下の岩盤（弾性体）が破壊されて発生した地震波（弾性波）が地表面に到達して、地面が揺れる現象である。すでに述べているようにこの破壊現象は確率現象と呼ばれる種類のものである。サイコロを振って一〜六のどの数字が出るかは典型的な確率現象で、人が事前にその数字を予測することはできない。だからサイコロを振っての数字あてはギャンブルになるのである。大きな力が日常的に加わっている巨大な岩盤の中で、いつ、どこが壊れて地震発生となるかは確率現象だから、その発生を予測することは、本質的にできないのである。

繰り返しになるが寺田寅彦は一〇〇年前にこの本質を見抜いて、地震予知は難しいと述べてい

図18　1964年に日米地震予知シンポジウムを主催した右から和達、坪井、萩原。和達の後方は雑用係の筆者。

る。そして地震に伴って発生する災害の軽減に着目してその方法を考えていた。地震予知研究計画推進者の一人であった坪井忠二は地震研究所では寺田研究室に所属し、寺田の弟子の一人で、しかも優秀な直弟子だった。また萩原尊禮も地震研究所の助手になったころはまだ寺田は健在で、彼の話を聞くのを楽しみにしていたという（第2章第5節参照）。したがって二人とも寺田の「確率現象である地震の発生の予測は困難」という考えは十分理解していたはずだ。

また推進者の一人和達清夫は、学生時代に大正関東地震を経験し、寺田の旋風調査にも協力している。当然、寺田から地震現象は確率現象という話は聞いていたろう。しかし三人は地震予知研究計画を推進したのである。なぜなのだろうか。

私も学生時代から地震現象は確率現象だから予知は不可能という講義も受けた。しかし、地震の発生する場、地球内部の地殻やマントルの上部は均質ではない。地層の不連続面や断層が存在している。一本の均質なゴムひもを引き延ばしてゆくと、やがてどこかで切断する。その切断する場所と切断する時間を予測することはできない。ゴムひもの切断は確率現象だからである。

しかし均質なゴムひものどこかに、ちょっと傷をつけて置いたらどうなるだろうか。その傷の所で切断が起こる。また、ゴムひもを引き延ばすと次第に細くなるから、その細くなった度合いを見ていれば切断が起こる時間も予測できると考えられる。地震も同じで岩盤には断層という傷がある。その傷に着目し、その付近でゴムひもの細くなり具合、地震の場合には土地の隆起や沈降などに対応するが、そんな現象を調べれば、地震予知は可能だろうと自分なりに考えていた。たぶん坪井や萩原も同じように考えていたと思うが、この点、機会はあったのだから和達を含め三人からもっと話を聞いておけばよかったと悔やんでいる。

しかし、実際に観測が始められ、多くのデータが出てくると、事はそれほど単純ではなさそうだと分かってきた。すでに述べたように、萩原も晩年「考えが甘かった」と云っていたが、地震現象発生の予測は難しく、やはりギャンブルに等しいのではと考える人が多くなってきた。その最大のポイントは発生時間の予測である。

地球は生まれてから現在まで四六億年と考えられている。これから何年現在の形が保たれるか分からないが、これまでに地球寿命の半分が経過したとして、その寿命を一〇〇億年として考えてみる。人間の寿命を一〇〇年とすれば、地球は人間の一億倍長く生きることになる。そこで人間の一秒は地球では一億秒、およそ三年二～三ヵ月になる。「今地震（破壊）が起こる」と云ってから、二〇〇年後に発生したとする。地球にとってのこの二〇〇年は一分程度の感覚でほんの一瞬であるが、人間の寿命感覚でのこの二〇〇年は、人生の二倍に相当する。このような形で地震の発生を知らされても、人間社会では全く役に立たない、無意味な情報でしかない。

地震現象はもちろん気候変動のような現象を含め、地球上で起こる自然現象は地球のタイムスケールで起きている。地球にとっては五〇年、一〇〇年は小さな誤差のうちでも、地震予知のような人間社会と接点のある現象に関しては、人間にとっては半生、一生になり、それを越えた時間は無意味となる。この人間の寿命と地球の寿命のタイムスケールの違いが、地震予知を決定的に不可能にしているのである。

一九四四年の東南海地震の時、今村の要請により静岡県御前崎付近で水準測量を実施していた測量隊が、測量結果が安定せずに原因究明に苦慮していたら地震が起こったことはすでに述べた。これは大地震の前に何らかの地殻変動が発生するだろうから、その現象を観測・測定すれば予知は可能と考えられていたので、地震予知には朗報だった。

例えばフィリピン海プレートの北上によって、陸上の岩盤が盛り上がり、十分に盛り上がったときに、地震が発生すると仮定する。たぶんその盛り上がりは少しずつ進行するだろう。「どんどん盛り上がってきている、そろそろ限界に近づきそうだから、大地震発生は近い」と云えそうな場合も出てくるかもしれない。ところがそんな時でも大地震の発生は三〇年以上あとになるかもしれないが、その時間は地球の寿命感覚ではたった一呼吸の一〇秒足らずなのだ。二呼吸程度の二〇秒だったら六〇年以上あとになり、直前の地震予知としては機能しなくなる。地震予知のウイークポイントは、この人間の寿命と地球の寿命のそれぞれの時間感覚、タイムスケールの感覚が違う点にあるのだ。

地震予知にはもう一つ本質的な問題がある。毎日のテレビの天気予報を見ていれば分かるように、明日の天気は、今日の天気から予想される。今現在の気圧や気温、風向、風速など、いわゆる気象要素を図に示したのが天気図である。そして現在の天気図から一二時間後、二四時間後の天気が図示されている。これは現在の気象要素から未来の気象要素を予測する方程式ができているからできるのである。その方程式を使い天気図上では現在ある雨雲が明日はどこに移動するか、または消えてしまうかなどが計算され、示される。

地震は地球内部で起こるのだから地下の岩盤内の温度や歪みの分布などが三次元的に分かれば、地震が起きる「場」の様子が分かるようになる。しかし、現在は地球内部のそのようなデータはほんの限られた地点、しかも地球表面のごく浅い地点にしかないのである。天気予報に使う天気図に相当する面的に広がった図は得られないのだ。

現状では「地震の起こる場」の情報を得るのは、地球表面に設置した電子基準点の動きだけから地下の情報を予測するのが、ただ一つの方法と云っても過言ではない。したがって地震が発生する地下一〇キロ、二〇キロの情報は皆無なのだ。現在の状況も分からないのだから、未来予測などは不可能である。「地震の起こる場の情報が得られない」ことが学問的には地震予知を決定的に不可能にしている。

地球内部の状況を知る一つの方法として、火山では宇宙から飛来する波長がキロメートルのミュウオンの透過像で、火山体内部の構造を調べる手法が確立されつつある。山体のような地球の表面の突起物には、この方法は有効だと推測されるが、地球内部には適用できないので地震発生の予測には役立ちそうもない。

これまでの医学では、人間の体の中の様子はレントゲン写真（X線写真）でしか見られなかった。現代医学では超音波エコー、CT、MRIを駆使して、人体内部を三次元的に診られる技術が確立している。この手法により、小さな腫瘍が体内のどこにあっても、見つけられるようになった。癌の早期発見にもつながっている。

しかし残念ながら現在の地球内部の診断は、地表面から音波や電磁波などいろいろな種類や波長の波を発射して、地下のいろいろな面で反射して戻ってくるエコーを受信して、内部の様子を予測するだけである。昔は医者が胸やお腹をポンポンと叩く打診をして病気を診断していたが、現在の地震学は地球の内部の情報を得るのに、「医師の打診」程度の技術しか持っていないのだ。天気予報の天気図と同じように、毎日、「今日の地球内部の様子」などという情報が得られる可能性は極めて低い。たぶん一〇〇年後にこのような解説をするにしても、同じ表現になると想像している。それほど地球内部の情報を三次元的に得るのは困難なのである。

したがって、三要素に沿った「地震予知」は、地球内部の情報が得られる画期的な手法が開発されない限り、不可能に近いのだ。

一口メモ（二四）　地震を予知したと云う男

テレビに出て自己顕示欲を満足する人は何を言い出すか分からない、そんな研究者がいることは一口メモ（二〇）でも紹介したが、同じような例である。研究者の一部には大地震と火山噴火は連動すると主張する人がいる。その最大の根拠は一七〇七年の宝永地震の二ヵ月後に富士山が大噴火したことである。過去にも南海トラフ沿いの大地震は繰り返されているし、同じフィリピン海プレートの縁には富士山ばかりでなく伊豆大島や三宅島、九州では桜島、霧島、阿蘇などの火山も並んでいる。その数多い噴火と地震の連動と云える現象は宝永年間のただ一回だけである。しかしその人は連動性を指摘して数多くの著書も出している。

そして伊豆大島が噴火した時だったと記憶しているが、火山が噴火したから大地震も起こると宣伝していた。その後、予想通り地震が発生した、自分の予測は当たったと語っていた。

彼が予想通り起きたという地震は、房総半島沖でM6クラスの地震が確かに起こっていた。しかし、その人が大地震の話をするとき念頭にあるのは南海トラフ沿いの巨大地震や関東地震で、ともにM8クラスのはずである。M8クラスの地震が起こると云っていて、M6クラスの地震では、大きさが千分の一ほど小さいのだ。M8クラスがラクビーボールほどの地震が起こると云っていたのにパチンコ玉程度の地震が起きたのである。日本列島内ではM6クラスの地震はほぼ毎年複数回起きている。日時を厳密に言わない限り、必ず予知したと云えるのだ。地震予知の三要素にはまったく言及していない。これが「予知した」という発言の真実である。

このような話になると、その予知は科学ではなくもはや自分の考えだけを信じる、一種の信仰に近い精神状態ではないかと想像する。

4 関東地震の発生は二二世紀

二一世紀に入ったころから南関東は地震の活動期に入ったという話が出るようになった。一七〇三年の元禄関東地震から七〇～八〇年が経過した一七八〇年ごろから、少しずつ江戸周辺で地震が発生し始め、一八五五年には「安政江戸地震」（M7・0～7・1）、一八九四年には「東京地震」（M7）が起こり、一九二三年の大正関東地震の発生へとつながったからだ。

さらに二〇〇四年のスマトラ地震から発したインド洋津波が話題になり、南関東も大地震や大津波の驚異が心配されていた。私の住んでいる神奈川県南部は相模湾に面し、関東地震の震源域である。自分自身も気になるので地震や津波への恐怖がどの程度かを調べてみた。神奈川県での地震発生の話は鎌倉幕府が開かれた一二世紀ごろから始まる。そしてその主要な史資料は鎌倉幕府の編纂と云われる史書『吾妻鏡』（『大日本地震史料』では『東鑑』）と年代記の『鎌倉大日記』である。ただ『大日本地震史料』では『鎌倉大日記』は参照していないようだ。

『鎌倉大日記』は一一八〇（治承四）年から一五八九（天正一七）年までの年表形式をとった年代記である。時の関白、将軍、執権、六波羅探題、管領、関東公方、関東管領、政所、問注所執事などについて歴代の人名を記し、官名や世系などを注記してある。さらに各年代の重要事件も記されており、一四九五（明応四）年の出来事も後述のように記載されている。ただ重要事件の記載には記載者の視点が入るためか、全体を通して、同じレベルにはなっていないようだ。

鎌倉が津波に襲われたという初めての記事は一二四一（仁治二）年五月二二日の地震（M7）で、『大日本地震史料』にあり、その出典は『吾妻鏡』である。由比ヶ浜の八幡宮拝殿を壊し、岸辺にあった船一〇艘が流された。当時の八幡宮は現在よりはずっと海寄りにあったと推定されている。

続いて鎌倉を襲った大きな地震の記事としては『鎌倉大日記』で、明応四年八月一五日の記事は以下の通りである。

明応四乙卯　八月十五日大地震洪水、鎌倉由比濱海水到千度檀、水勢大仏殿破堂舎屋、溺死人二百餘。

「八月一五日に大地震洪水があり、由比ヶ浜に海水が押し寄せ千度檀にまで達した。水の勢いは強く大仏殿（大仏のあるお寺）の堂舎を破り、二百余人が水死した」という意味である。千度檀は八幡宮の参道である段葛の一の鳥居付近の地名である。「大仏殿」の記述があるので、大仏殿が流されたと解釈されたようだが、すでに述べたように一四八六年には大仏は露座だった。

大仏殿はなかったが、大仏を守る、あるいは大仏を本尊とするお寺にも名称はなく、地元の人たちは「大仏のあるお寺」の意味で「大仏殿」を使っていたようだ。したがってこの時の津波で、大仏を覆う大きなお堂が流されたのではなく、たぶん現在の仁王門あたりにあり、大仏を守る僧侶の起居するお堂が津波で流されたのであろう。仁王門あたりと推測するのは、当時は周辺に民家もほとんど無かったろうから、居住する僧侶も、そのお堂も民家に近いところ、つまり境内の入り口近くにあっただろうと推測している。現在の仁王門付近の標高は一三メートルである。

この一四九五年を含めて、その後関東地震は三回起きている。地震のたびごとに江の島や鎌倉を含む相模湾沿岸の陸地は一メートルほど隆起しているので、僧侶が起居していたお堂付近の当時の標高は九〜一〇メートルぐらいと推定できる。すると津波の高さは高くても一二〜一三メートル程度あれば、お堂は流されたと推測できる。現在の仁王門付近にあったであろう、大仏を守る僧侶のいたお堂はこの程度の高さの津波で流されたのだ。

物議を醸しだしたのは、この明応四年の地震の記録が『大日本地震史料』には掲載されていないことだった。同史料ではこの日の記事は、京都の公家の日記に「地震があった」と記されているだけだった。したがって大森も今村もこの地震への言及はない。

逆に史上最大の津波の被害をもたらした地震なのに『鎌倉大日記』には、一四九八(明応七)年の地震の記載はない。明応四年の地震の記録は『鎌倉大日記』には見当たらないので、後世の研究者は、この地震は『鎌倉大日記』への記載の時に、明応七年八月二五日の大地震を明応四年八月一五日と誤って記載したと解釈した。そして現在まで明応七年の地震で大仏殿が流されたと云い伝えられたのだった。この誤りがいつから云われ始められたのかは分からないが、一九五〇年ごろに私が鎌倉大仏を訪れたときには坊さんからその話を聞いた記憶があるし、境内にもその記述がある。

『鎌倉大日記』の記載事項が必ずしも同一の視点でない例としては、仁治二年の地震が記載されていないことでも分かる。この地震で八幡宮の社殿が流出しているので鎌倉では大騒動であったはずが、記載されていないのだ。

明応七年の地震が記載されていないのは、鎌倉では被害を伴うような津波が襲来していないし、揺れもそれほどひどくなかったからではないかと想像している。史上最大の津波とは云っても、その津波で大仏殿が流されたのではなく、「相模湾の湾奥の鎌倉に被害をもたらすような大きな津波は襲来しなかった」ことを意味するのだと考えた。また、この地震の震源は東海道沖であるから、鎌倉では大きくても震度4～5程度の揺れで、たとえ震害があっても大きくはなかったのだろう。するとこの事実は相模湾沿岸の現在の住民にとっても朗報で、仮に南海トラフ沿いで超巨大地震が発生しても、伊豆半島や大島が防波堤の役割を果たし、相模湾の湾奥までは被害をもたらすような津波は進入してこないだろうと推測できるのである。

明応四年の地震の信憑性が問われる中、熊野三山の社家により書き残された長年の記録『熊野年代記』に、「明応四年八月十五日に鎌倉大地震」の記載があることが分かった（『次の首都圏巨大地震を読み解く』六一頁）。『鎌倉大日記』にはこの地震による鎌倉への津波は記載されているが、ほかの地域でどの程度の揺れを感じ、津波の被害をもたらしたのかは資料が発見されていないので分からない。関東地震の津波は房総半島や伊豆半島、伊豆大島あたりまでは大きくても、湾の外まで大きな津波になる可能性は極めて低いようなので、記録がないのは相模湾の外では津波は被害をもたらすほど大きくはなかったことを意味すると考えている。

そこで私は仁治二年と明応四年の二つの地震は相模トラフ沿いに起こった関東地震だと仮定した。鎌倉に被害をもたらすような津波が襲来する地震は関東地震以外には無さそうだとも思える。そこで次に鎌倉が津波に襲われた地震を探してみると、一七〇三年の元禄関東地震になる。この地震から大森房吉、今村明恒も関東地震に注目を始めた。

そして一九二三年の大正関東地震の発生へと続くのである。

この四つの地震を順番に横軸にとり、縦軸に発生年代をとってプロットすると驚いたことに、

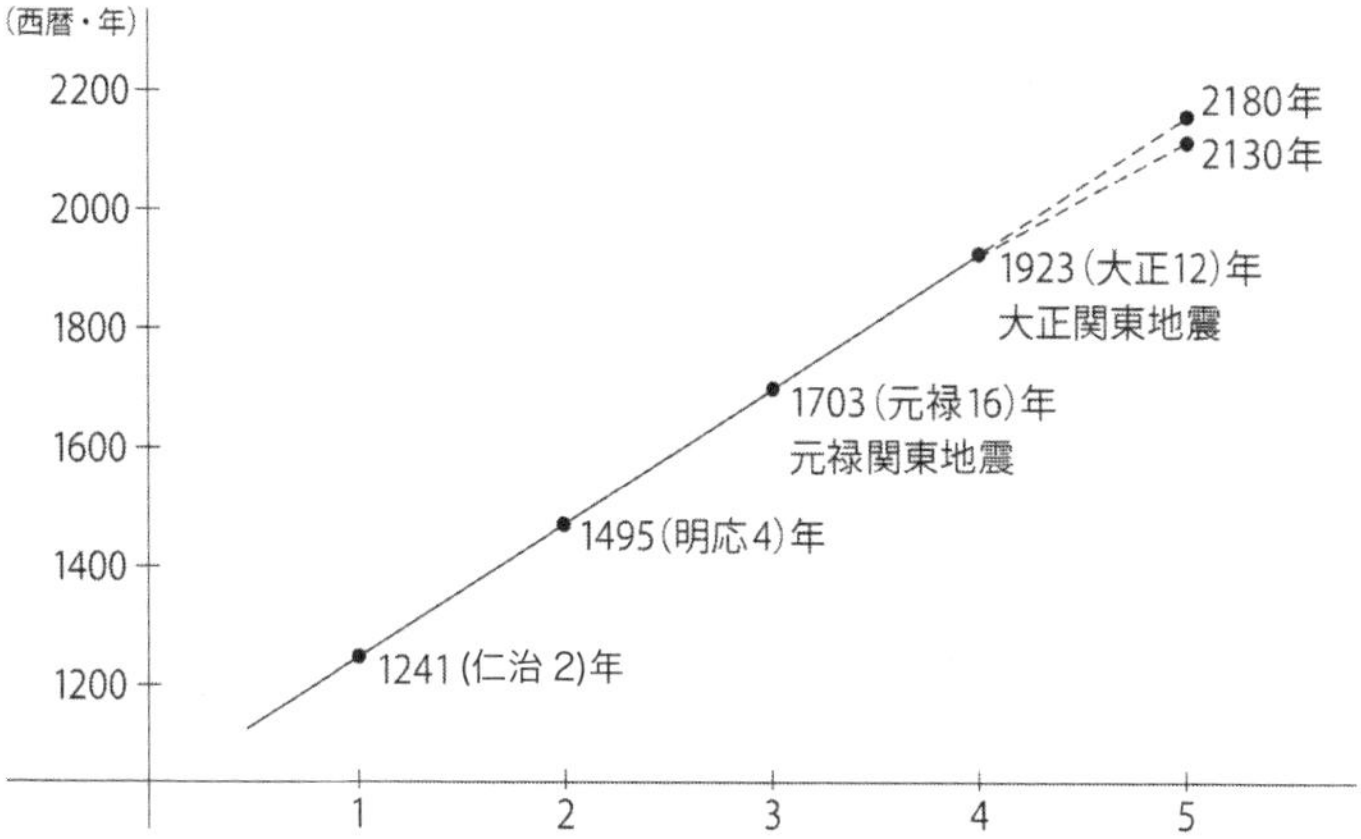

図19　次の関東地震の発生時期を過去の関東地震から予測できる(『次の首都圏巨大地震を読み解く』81頁より)

ほぼ直線に乗る。

仁治関東地震と明応関東地震の間が二五三年、明応と元禄の間が二〇三年、元禄と大正の間が二二〇年である。つまり最近の八〇〇年間をみると関東地震は二〇〇〜二五〇年ぐらいの間隔で発生しているのである。数学的に厳しく見れば、図に表した直線の勾配とその誤差を求めて、次の関東地震を予測すべきであるが、それはあまり意味がないと思うので、次の関東地震はおよそ二一五〇年前後、二一三〇年から二一八〇年ぐらいの間だろうと予想した。ただしそれには二つの仮定が含まれる。

(一)　鎌倉に被害をもたらす津波は関東地震によるものだけ。

(二)　次の関東地震も過去四回と同じような時間間隔で発生する。

仁治関東地震の前にも、関東地震は起きていたはずである。しかし、源頼朝が鎌倉幕府を開いたのが一一九二年であり、それ以前の記録は残っていない。鎌倉は都から遠く離れた僻地で、関係する古文書もほとんどない時代だった。地震がなかったわけではなく、記録そのものがないのだ。

この時代の地震として、大森房吉は一二九三（永仁二）年五月二七日（M7）の地震に注目している。鎌倉で大きな被害が出た地震であるが、津波の記載がないので、私は三浦半島の断層群が動いた地震で、震源は浅く被害を伴うような津波は発生せず、関東地震ではないと判断した。

次の関東地震を二一五〇年ごろとして、ではそれまでは地震が起こらず南関東は安心かと云えば、必ずしもそうではない。元禄関東地震と大正関東地震の間では一八四〇年ごろから、ポツリポツリと地震が起きている。東京は直下型の地震に二回襲われているし、一八八〇年に横浜地震もあった。一九二一年の「竜ケ崎地震」（M7・0）、一九二二年の「浦賀水道地震」（M6・8）などを経て、大正関東地震が発生した。

したがって「次の関東地震は二一三〇～八〇年ぐらい、二二世紀の中ごろに起こるが、その一〇〇年前の二〇五〇年ごろからは、南関東でM6からM7程度の地震が起こりはじめ局地的な被害が出る可能性がある」が私の結論である。M7の地震の中には東京直下地震も含まれる。関東地震の震源地に住む私はあと二〇～三〇年ぐらいは地震の発生を心配しなくてよいと考えている。また子や孫の世代も関東地震からは免れるだろう。これは地震の長期予測である。「危ない、備えろ」という注意ばかりではなく、このように起こらないという情報も地震学者が出す必要があろうと考え、私は「関東地震は当分の間は起こらない」と宣伝している。

もちろん自然現象は何が起こるか分からない。関東地震も過去四回の時とは発生の間隔が変わるかもしれないので、私の予測通りにはならない可能性もある。そうなったら関東地震は二つの仮定通りには起こらなかったので、もしその時も命があったら私は自分の不勉強、研究不足を率直に謝罪する以外に方法はないと思っている。

謝罪をすることになっても、「地震はいつ起こるか分からない。明日起こるかもしれないが五〇年後かもしれない」とあいまいなことを云うよりは、起こる可能性の極めて低いことを明言しておいた方が、世の中にはプラスの情報だと確信している。

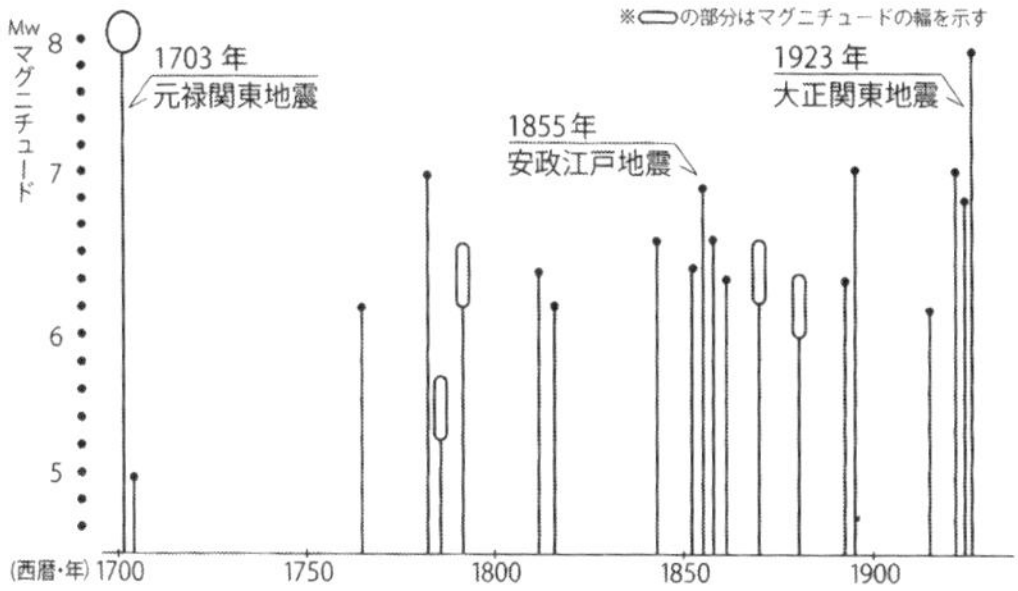

図20　元禄関東地震から大正関東地震までの南関東地域の主な地震活動（『次の首都圏巨大地震を読み解く』77頁より）

この予測の手法は一〇〇年前の大森 - 今村と何ら変わっていない。ただ、当時と比べて多少はデータが増え、プレート内地震、プレート境界地震などの区別がつくようになり、それぞれの発生のメカニズムが分かってきたので、「本当の関東地震」と呼べる地震を選べたので、このような結論が出せたのである。

地震予知には否定的だった寺田寅彦も、このような統計的な手法での地震の発生予測には肯定的である。関東地震はフィリピン海プレートが北東方向へ沈み込む、相模トラフ沿いに繰り返し起こる地震である。このような空間に限定し、時系列的に地震の発生を予測するのは、現在の地球物理学的知識では地震発生予測のできる唯一の方法だと考えている。

地震発生のメカニズム、震源決定の精度など、この一〇〇年間では当然地震学は大きな進歩を続けている。しかし、地震発生の予知、予測はほとんど進歩していない。

しかし繰り返すが、過去四回と同じようなパターンで次の関東地震が起こるとすれば、それは少なくとも一九二三年から二〇〇年以上が経過してからである。人生一〇〇年の長寿の時代になっても令和元年ごろまでに生まれた人でも、「ほとんど関係ない」と云えるのである。

5　南海トラフ沿いの巨大地震

関東地震と同じような視点から気になるのが南海トラフ沿いの巨大地震である。特に大震法の方向転換以来、中央防災会議では南海トラフ沿いの巨大地震の発生の可能性を広報するようになった。東海沖から四国沖に延びる南海トラフは北上してきたフィリピン海プレートの北西方向への沈み込みによって形成されている。

東日本大震災が発生した後、もし次にM９クラスの超巨大地震が起こるとすれば、それは南海トラフ沿いで起こるとされ、改めて「南海トラフ巨大地震」が想定された。その震源域は駿河湾の駿河トラフから南海トラフに続き、琉球海溝北端沿いの日向灘沖に達するとしている。地下の岩盤が推定通り具合よく割れていくのかどうか、地球物理学の見地からは疑問であるが、M9シンドロームに罹患した人たちは、何が何でもM9の超巨大地震発生の可能性を、指摘しておきたかったらしい。

その想定震源域をもとに被害想定がなされた。その結果は死者三二万人、高知県黒潮町ではそれまでは巨大地震が起きても襲来する津波の高さは一〇メートル程度との予測だったのに、三四メートルと発表された。湾奥の大阪でも津波の被害が大きいという。史上最大の死者を出した一九七六年に起こった中国・唐山地震（M7・8）の死者が二四万人であるから、その数に私は本当かなという素朴な疑問を持った。

とにかく「大地震は切迫している」と強調していた一部研究者やメディアは、一般住民に関心を持たせるために、最悪な場合を想定するとして甚大な被害を推定する傾向にある。この風潮はかえって住民の誤解を招きかねないし、他人事の感を植え付けてしまう。「M9シンドローム」の典型例で、地震対策としては得策ではない。地震対策は震度7に耐える家づくり、街造りが面的に広がっていけば、おのずと超巨大地震対策になるのである。いたずらに超巨大地震が起こる起こるというよりは、それぞれの自治体で「震度7の揺れに耐える対策」を考えればよいはずだ。

南海トラフ沿いの巨大地震では過去の例からも津波の被害は繰り返されていることは事実であ

る。かつては小学校の国語教科書にものった「稲むらの火」は和歌山県下の実話である。ほぼ一〇〇年の間隔で津波に襲われている東海から四国、九州の太平洋岸の地域は、三陸地方と同様に津波の恐ろしさを住民は理解しているはずである。しかし、一〇〇年はおろか数十年もすれば人々はほとんど忘れてしまっていることも事実であろう。

だからといって十数メートルの予測を急に三四メートルとしても、聞いた住民の頭の中は疑問とあきらめが交差するだけである。

三陸沖の地震と同じように、南海トラフ沿いの地震では震害よりも津波の被害の方が大きいことは過去の例からもあきらかである。津波避難タワーの建設や津波避難ビルの指定など、行政がしなければならない仕事は多い。しかし、一般住民にとっては「大地震が起こったら必ず津波が襲来するからどの場所にどのような方法で逃げる」かを考えるぐらいしか、できることはないであろう。

南海トラフ沿いでは天武天皇の六八四年から昭和時代の一九四五年前後まで、およそ一三〇〇年間に九回の巨大地震が起きている。この海域の地震では西側の南海、東側の東南海や東海地震が続発する傾向があるので、そのような地震は一回と数えてある。その間の発生間隔は九〇年から二六〇年と幅がある。一九七〇年代の東海地震発生説はその短い九〇年を考慮して発せられた。一九九〇年代から云われだした大地震の切迫性も同じである。

しかし逆に間隔の長い二〇〇年や二六〇年に注目すると、次の巨大地震の発生は二一四五年から二二〇〇年ごろになる可能性もあるのだ。長期間、南海トラフ沿いの地震が起きないことはよいのだが、最悪の場合、関東地震と同じ時期に、両方の地震がほぼ同時に起きる可能性もある。発生間隔に幅があるので、その間隔の時間の取り方で、「南海トラフ沿いの地震は明日起こるかもしれないが、二二世紀になってからかもしれない」と云える。

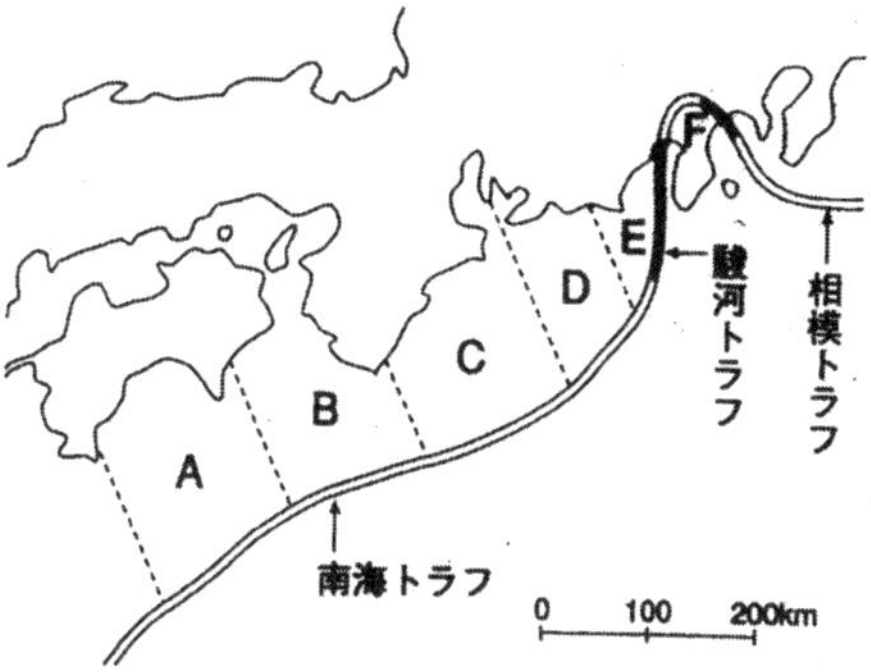

年代	A	B	C	D	E	F	M
天武	←684年------→ ?(不明) ?						(8 1/4)
仁和	←887年------→ ? ?						(8.0〜8.5)
康和	←1099年------→ 1096年 ------→						(8〜8.3) (8〜8.5)
正平	←1361年--(1360年) ?						(8 1/4〜8.5) (7.5〜8)
明応	? ? ←1498年→ ?						(8.2〜8.4)
慶長	←1605年 ------→						(7.9)
宝永	←1707年→						(8.4)
安政	←1854年(2)→←1854年(1)→						(8.4) (8.4)
昭和	←1946年→←1944年→〔空白〕 (南海地震)(東南海地震)						(8.0) (7.9)

図21　東海、東南海、南海地震の震源域と発生時期。超巨大地震の震源域はA地域の西側の日向灘から駿河トラフに達する。（『次の首都圏巨大地震を読み解く』93頁より）

ところが史資料の関係で発生した地震がすべて記載されていないのか、現在リストアップされている九回の南海トラフ沿いの地震発生のうち、一四世紀ごろから現在までの数百年間の発生間隔は、一〇〇〜一五〇年程度と短いのだ。正平年間の一三六一年の地震前の三回の発生間隔は、二〇三年、二一二年、二六〇年といずれも二〇〇年を超えていた。発生間隔のパターンが何らかの理由で変わったのかもしれないし、古文書に記載されていないが、その間にも大地震が起こっていたのかもしれない。

一五世紀以後の発生間隔と同じで、今後の南海トラフ沿いの巨大地震が九〇年から一五〇年ぐらいの短い発生間隔で起こるとすれば、一九四五年前後の東南海地震、南海地震から一〇〇年後ぐらいの二一世紀半ばから後半に、一度発生し、その一〇〇年後の二二世紀後半に、再び発生する可能性も高いのだ。

二〇二〇年一月二五日の日本国内の新聞は南海トラフ沿いの地震について一斉に報じた。例えば『朝日新聞』は一面トップで「津波三メートル以上　高確率」「南海トラフ地震　伊豆から九州で」と四段にわたる、二行の大きな見出しに続き、「政府の地震調査研究推進本部は二四日、南海トラフ地震による津波が今後三〇年以内に沿岸を襲う確率を初めて発表した」とある。その内容は三メートル以上の津波は、静岡県の西伊豆地方から紀伊半島、四国南部、宮崎県までの海岸を三〇年以内に二六％以上の高い確率で襲うと予測している。

私はこの報道を見て、政府もようやく「M9シンドローム」から解放されたかなと思った。次の南海トラフ沿いの地震は「九〇から一五〇年位の間隔で起こる」可能性が高いことを初めて指摘したのである。二〇一二年に発表した超巨大地震の発生予測は「M9シンドローム」に罹患し「想定外」を云わないために、大きな網掛けをしていた。それが過去七〇〇年間ぐらいのデータの発生間隔から、東海地震、南海地震などのM8クラスの巨大地震の発生が高いと正常な予測を出したのである。この地震発生は三〇年以内というが、過去の起こり方からすれば一九四五年前後から、早くても一〇〇年後ぐらい、つまり二〇四五年前後から危険時期に入ると考えるの良いだろう。

大正関東地震では、その発生から二〇数年後に東南海地震、南海地震が起きている。一七〇三年の元禄関東地震では、四年後の一七〇七年に宝永地震、一四九五年の明応関東地震では三年後の一四九八年に明応の地震が起こった。同じ世紀のうちにというより、短いと数年、長くても二〇年という短い期間に日本の中枢地域が巨大地震に襲われている。

南海トラフ沿いの巨大地震が、過去三回と同じように関東地震とのペアなパターンで起こるとすれば、二一世紀中に一度起こるかもしれないが、さらに次の関東地震の予測からは二二世紀の中頃から後半に発生することが推測できる。二二世紀の後半以降、数年から二〇年程度の時間間隔で、首都圏と中部（名古屋）、関西の日本の中枢部が相次いで巨大地震に襲われるのである。これを私は「二二世紀問題」として考え始めている。

そうなったら日本の中枢機能が完全に麻痺してしまう。もちろん現代の我々には関係のない未来のことだが、逆に二二世紀の中頃、日本沈没にならないように、地震に強い街とは何かを考えて、長期的視野で対策を立て続けて欲しい。これこそ行政の仕事である。関東地方では私たちのひ孫の代ぐらいまでは巨大地震の洗礼を受けないで済むかもしれないが、ヒィ・ヒィ・ヒ孫の世代でも巨大地震でも安心の社会が建設されていることを期待する

6　首都圏での二三世紀問題

二二世紀の中ごろから後半に関東地震とそれに続く二回の南海トラフ地震が数年から二〇～三〇年の間隔で起こるとして、これを「二二世紀問題」と称したが、首都圏では一九世紀から二〇世紀にかけての一〇〇年間に、同じような経験をしているのである（図20参照）。

一八五四年一二月二三日に「安政東海地震」（M8・4）が起こり、三二時間後の二四日には「安政南海地震」（M8・4）が起こっている。この地震のときは房総半島も津波に襲われている。

一八五五年一一月一一日に「江戸地震」（M7・0～7・1）が起こり、死者は数千人から一万人と推定されている。典型的な東京直下地震である。一八五六年M6・0～6・5の地震が江戸・所沢で、一八五九年M6・0の地震が埼玉県岩槻で、一八七〇年にはM6・0～6・5の地震が小田原でそれぞれ起きている。さらに一八八〇年には「横浜地震」が起こり、地震学会が発足したことはすでに述べた。

一八八四年には東京で煙突が倒れ、レンガ作りの壁に亀裂が入る地震が起きているが、マグニチュードは決まっていない。東京で起こった局所的な地震である。

一八九四年六月二〇日には「東京地震」（M7・0）が起こり、東京・横浜での被害が大きく、三一名の死者が出ている。江戸地震のあと、四〇年後に再び起こった東京直下地震である。

一八九五年一月一八日には茨城県南部でM7・2の地震が発生し死者が六名出ており、被害範囲は関東の東半分に達している。

一九〇九年三月一三日は房総半島沖でM6・7とM7・5と二回の地震が起こり、横浜で煙突が折れたり、レンガ建ての建物が壊れるなどの被害が出ている。一九一五年一一月一六日にも房総半島でM6・0の地震が起き崖崩れなどの被害が出た。この時は一二日から群発地震が起こっていた。

図22　日本列島首都圏付近は4枚のプレートが相接する地球上でも極めて特異な場所（『地震の教室』78頁より）

一九二一年一二月八日に「竜ケ崎地震」（M7・0）、一九二二年四月二六日に「浦賀水道地震」（M6・8）が起こりそれぞれ小さな被害が発生している。

そして一九二三年九月一日に大正関東地震（M7・9）が発生した。一九二四年一月一五日神奈川県西部でM7・3の地震が起こったが、関東地震の余震である。

第二次世界大戦の空襲で多くの都市が焼土と化していたが、一九四四年一二月七日に「東南海地震」（M7・9）、二年後の一九四六年一二月二一日には「南海地震」

（M8・0）が起きた。

一八五〇年から一九五〇年の一〇〇年間に、フィリピン海プレートの沈み込みによる五回の巨大地震が集中したのである。また一九世紀後半には現在でいう首都直下地震が二回起きている。四回の南海トラフ沿いの地震がいずれも一二月に発生している理由は、現在のところ分からない。偶然かもしれないし、何か意味があるのかは今後の課題と云える。

この一〇〇年間は首都圏では地震活動が活発であり、しかも南海トラフ沿いでは記録がある限りは史上初めて九〇年の時間間隔で巨大地震が発生していたのである。

第二次世界大戦を含めて、日本の歴史上、もっとも大変な地震災害が起きたのである。しかし、日本はその困難に打ち勝ち、その二〇〜三〇年後には、世界の経済大国へと復興していった。私は地震災害について、壊滅的な話をする人が多い中で、この最悪の一〇〇年間から立ち直った日本人のパワーを決して忘れてはいけないと考えている。

しかも地震学者の今村明恒はその最悪ともいえる期間に生まれ、成長してからは東京に住み、地震災害への警告を発し続けたのである。今村の熱意もまた、現代の研究者に大きな啓示を与えている。

一九世紀から二〇世紀の頃の日本と、二二世紀の日本では社会環境は、したがってその地震環境も大きく変化しているだろう。人口減少、高度のAI依存など社会環境は大きく変わっているはずだ。二一世紀を生きる現在の私たちにとっては、二二世紀問題は関係ないが、その問題に直面した時、その時代を生きている人たちは時代の変化も乗り越え、二〇〇〇年前と同様に必ず大過なく過ごしてゆくだろうと、私は楽観している。

ただ運命的に、日本の現在の首都圏は四枚のプレートが相接する地震の多発地帯に位置しているのである。世界の首都で、このような地震の多発地帯に位置する例は極めて少ない。しかも、フィリピン海プレートの沈み込みによって起こされる関東地震や南海トラフ沿いの大地震に見舞われるのも、太平洋岸に位置する首都圏、中部、関西のメガロポリスである。このような視点から は日本列島の再改造を視野に入れることも必要であろう。

7　熊本地震からおかしくなった気象庁の発表

二〇一六年四月に起こった熊本地震は、二日間で震度7を二回も記録するという珍しい出来事だった。続けて襲った震度7の揺れに、最初の揺れでは耐えた家屋も二度目の揺れで倒壊し、地震の大きさ以上に被害が拡大した。

最初の地震は四月一四日二一時二六分、熊本県益城町で震度7を記録するM6・5の地震が発生した。M6クラスの地震で震度7を記録したのは二〇〇四年の新潟県中越地震（M6・8）に次いで二度目である。震源の深さが一一キロと極めて浅かったためだ。その二時間半後の一五日

○○時○三分に最初の地震に相接する地点でM6・4の地震が続き、人々を不安にした。
さらに最初の地震から二八時間後の四月一六日○一時二五分に、北西に七キロ離れた地点を震源としてM7・3の地震が発生した。震源の深さは一二キロとやはり浅く益城町と西原村で震度7、周辺域では震度6（強、弱）、九州のほぼ全域で震度5（強、弱）を記録した。一九九五年の兵庫県南部地震（阪神・淡路大震災、M7・3）に匹敵する大地震の発生に、気象庁をはじめ多くの地震研究者が驚いた。

私自身、この現象に驚き、自分の学問は何だったのかと自問自答を繰り返した。その結果は自分の不勉強で、後追いながら、単に近くの活断層が動いた起こるべくして起こった地震で「自然現象は単純である」と理解できた。

気象庁は直ちに一四日に発生した地震を前震、一六日の地震を本震として、前震―本震―余震型地震活動と説明していた。気象庁が余震と呼んだ地震の中には北東へ五〇キロ離れた大分県北部地域や、北東へ一五キロ離れた南阿蘇村に集中して起こっている地震群も含まれていた。

気象庁はこの地震を「平成二十八年（二〇一六年）熊本地震」と命名し、その地震活動の推移の見通しとして「地震活動はしばらく続く可能性があり、本震と同程度の大きさの地震が発生することもある」という発表をして、「今後は余震という言葉は使わない」と補足していた。この発表を聞いて私は気象庁の迷走が始まったと感じた。

迷走が始まったと感じた第一の理由は、説明に矛盾があるからだった。前震―本震―余震型地震活動なのだから、身体に感じるような余震活動は本震発生後一〇日から長くても二〇日程度でほとんど終息する。もちろん終息したと思ったらまた起こった例はあるが、余震による揺れは本震の揺れより震度は1程度以上、Mも1程度以上小さい。これまで余震で「本震と同じ程度の大きさの地震が発生」した例はない。これから起こる地震を余震とは呼ばない、本震と同じような大きさの地震も起こる可能性があるとの発表を私は理解できなかったし、現在も同じである。しかし、その後に他の地域で起こった大地震でも、気象庁の発表は同じ調子で行われているが、本震と同じ程度の揺れが起こったことはない。起こらない事象を起こると云い続けるのは、地元住民に無用な恐怖を与え続けるだけのはずだが、その点の配慮もないらしい。

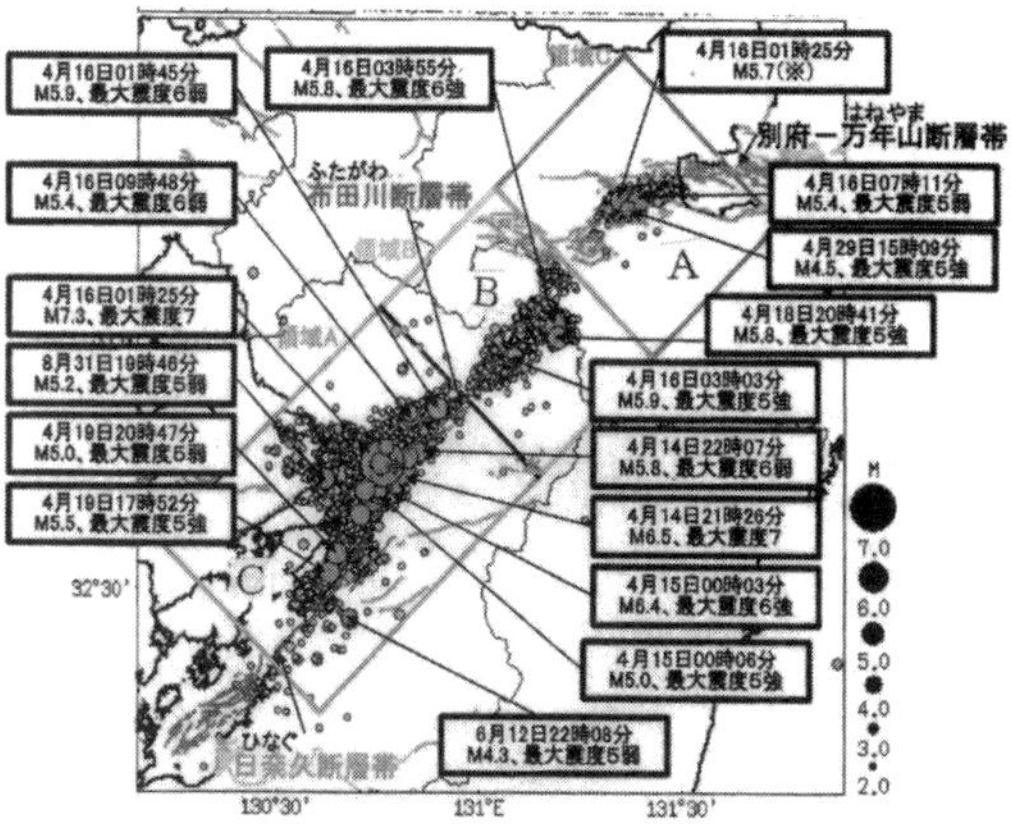

図23　2016年に起った熊本地震の震源分布。中央の大きな固まりが前震―本震―余震の分布。Aは大分県北部、Bは南阿蘇村付近、Cは日奈久断層帯付近の群発地震（原図は気象庁）。

　迷走の始まりの第二の理由は発生した地震の解釈である。気象庁が余震とした大分県北部の地震群は明らかに本震周辺で起こっている余震域とは離れている。南阿蘇村の余震群もほとんど独立して起こっていた。私はこの二つの地震群は余震ではなく、それぞれ独立の群発地震と解釈した。震源分布を見れば明らかなこの事実を気象庁はなぜ群発地震と気が付かないのか不思議だった。

大分県北部の地震が起こっている地域は別府―万年山（ハネヤマ）断層帯と呼ばれる小さな活断層が集中している地域なのだ。本震の発生によりこの地域の地下の歪みのバランスが崩れ、小さな活断層が次々に動き地震を起こしていると私は解釈した。同様に南阿蘇村付近の群発地震も、阿蘇火山体内で起こる群発地震と考えていた。箱根で代表されるように、火山地域ではしばしば群発地震が起こる。大分県北部ではM５クラスの地震が二回、南阿蘇村では三回発生し、それぞれ群発地震の主震群を形成していた。

群発地震だから普通の余震活動とは異なり、本震発生から一週間以上が経過してもこの地域では地震が減ることはなかった。

この二つの群発地震の震源地を含め、熊本地震の震源地域は「別府―島原地溝帯」と呼ばれ、多くの活断層が存在していることは知られていた。特に、前震、本震が起こった地域は布田川断層帯（長さが二〇キロ）、その南には日奈久断層帯（長さ四〇キロ）が並び、前震、本震とも布田川断層に沿って発生していた。そして余震の多くはほぼ並行して北東から南西に走る二つの断層付近に集中していた。しかし気象庁は離れている大分県北部と南阿蘇村の地震群も余震と解釈していた。

さらに地震はそれまでの余震域の南西端、日奈久断層の延長上にも起こるようになった。四月一九日にはM５・５とM５・５の二つの地震が起こったが、この地域にも小さな活断層が並んでおり、私はこの南西端付近の地震活動も群発地震と考えている。

そしてこの「熊本地震」は以下の経過をたどったと解釈できる。

㈠　四月一四日　前震発生
㈡　四月一六日　本震発生　時を同じくして東側の二つの群発地震が活動開始
㈢　四月一九日ごろから　南西端の群発地震発生

地震はその発生に際し「本震―余震型」とか「群発地震」とか宣言しては起こらない。研究者たちがそれまでの経験をもとに勝手に分類するのである。したがって熊本で起こった一連の地震現象をどのように解釈するかで見方が変わってくる。

前震―本震―余震型ならばその余震活動は二～三週間ぐらいで終息する。ところが群発地震が重なり終息する気配がないので「地震活動はしばらく継続する」と発表し、その後「余震」という用語も使わないようになった。これは群発地震が発生していることを理解できなかった気象庁の未熟さに起因している。

発生している群発地震が終息しないので、困った気象庁は地震活動の継続ばかりでなく、「本震と同程度の大きさの地震が起こる可能性がある」と発表した。実際は群発地震内での最大地震はM5クラスで、M7クラスの地震発生は考えられないのにこのような発表をしている。被災された人々に安心感を与えなければならないのに、不安を増幅させる発表をしているのである。

私もそうだったが、多くの研究者がショックを受けたのは、M６・５、震度７の地震の発生で、断層も現れたらしいとなれば、これを本震―余震型地震と考えて不思議ではない。ところがそこへM７・３の地震が発生し、震度７を記録しさらなる被害がでたのである。

起こった後で考えてみれば、最初の地震の震源付近には活断層が存在していたのである。活断層の存在に口角泡を飛ばす人が多いのに、このときはなぜ活断層の動きに注目しなかったのか、また気象庁はこの活断層群をどうとらえていたのか不思議である。ちなみに私は長い断層の存在に気が付かず、無知を恥じている。二一世紀に入りすぐの頃、熊本でM７クラスの地震が起こる可能性があると指摘していた地震学者もいたのである。

ある地震学者は群発地震の発生を「タガが外れた」と表現した。前震の地震が発生し、別府―島原地溝帯の活断層群の下で歪みのバランスが崩れ、短時間で活動したのが、前震―本震―余震と三つの群発地震活動である。この活動は「平成二十八年・別府―島原地溝帯地震活動」と呼ぶのが起こった事象を忠実に表現すると考えている。

気象庁が群発地震を認識できなかった例は他にもある。二〇〇四（平成一六）年の「新潟県中越地震」はM６・８を本震として、M６クラスの地震四回を含み、数多くの余震が発生した。私はこの地震を「M６クラスの地震五個を主震群とする群発地震（群発地震であるからその活動は長引くこともある）」と考えるべきと、あるテレビ局で解説した。その時の司会者が後日、気象庁関係者に「群発地震ではないか」と質問したら、恐ろしい剣幕で否定していた。気象庁は一度発表した内容はどんなに間違っていても訂正する気がない事が分かった。

群発地震と解釈したほうが本震と同じようなM6クラスの余震が四回も起きていることが説明できるし、余震が長く続いていることも説明できる。地震発生領域には多くの活断層が存在しており、群発地震の起りやすい地域でもある。

その後も気象庁は被害地震が起こるたびに「本震と同程度の地震の揺れが起こる可能性があるから注意」という発表を続けている。私から見れば、明らかに本震—余震型で余震活動は長くても二週間程度で終わる地震でも、同じ説明である。住民に余計な心配をさせるだけの発表である。

このようになった原因は第6章第1節で述べたように、観測システムのデジタル化により、職員が地震の起こっている「場」の状況など全く考えないで、地震活動を判断しているからである。同じようなことは学者・研究者の間にも起きている。現在はほとんどの研究者はコンピュータ上に現れるデータと数字で、研究を進めている。私の時代は地震を学ぶ学生のほとんどは必ず観測を経験していた。地震研究所に勤務しても数年間は地方の観測所に勤務して、毎日地震記録を眺めて、地球の息吹を感じていた、しかし現在は観測所に勤務する体制はなくなった。大学や研究所から遠く離れた地方にある観測所へ勤務することを好まない若手研究者が増えてきたからだ。現在の研究者は「地震学は知っていても地震を知らない」のである。

非常に想像力が豊かで才能あふれる人には例外があるかもしれないが、地球科学分野の研究ではやはり「地球の息吹」を感じないと、事の本質に迫れない。データ取得には時間がかかり、論文を書くのにも時間がかかる。現在の政府は実利を伴う応用面の学問に力を入れ、研究者にはすぐ成果を求めている。寿命一〇〇億年の地球を相手にしていると、そんなにすぐに結果の出ない問題が山積している。地震予知もその一つの例で、震災予防調査会でその必要性が指摘されて以来、一三〇年が経過してもまだその糸口すら見いだせず、解決していないのだ。地震学をはじめ地球科学の分野の研究がどんなものか理解して欲しい。

一口メモ（二五）　双発地震

主震と呼ぶべき際立って大きな地震を含まない地震の群れを「群発地震」と呼ぶ。火山帯地域では火山活動に伴いしばしば地震が多発するが、このような「火山性地震」は群発地震の代表である。「松代地震」のように火山活動とは直接関係なく起こる群発地震も少なくない。一九一八年の「大町地震」（M6・1、M6・1）、一九四三年の「鳥取沖地震」（M6・1、M6・1）、一九五九年の「弟子屈地震」（M6・2、M6・1）のように主震が二回起こったと考えられるような地震は「双発地震」と呼んで区別することもある（『図説　日本の地震』、東京大学地震研究所、一九七三）。

このような区別ができるのはやはり地震発生の場の状況を十分理解しているからである。コンピュータ上の地震だけを見ていてはなかなか気付きにくい。

8 「地震は起こらない」

地震列島と呼ばれる日本列島だが、ある時期とある場所を除けば、大地震への遭遇、震度5（強、弱）さらには震度6（強、弱）に襲われることは極めて珍しい出来事である。これは第5章第3節で述べた「全国地震動予測地図」からも理解できるだろう。ある時期とは東日本大震災以後、おそらく一〇年間ぐらい、ある場所とは東北日本太平洋沿岸がその一つの例である。また新潟県から長野県の信越地域は、プレート境界のフォッサマグナ地域で、巨大地震は起こらないが、大地震や中地震が時々起こる地域である。

一八四〇年ごろから一九二三年の大正関東地震発生までの南関東も、しばしば大地震に遭遇する場所であり期間だった。前節でも述べたが、地震学をつくった男・大森房吉も今村明恒もその地震に遭遇する割合の高い時期に東京に住み、地震に遭遇しながら活躍していた。

首都圏の神奈川県でも大正関東地震以前には横浜地震や浦賀水道地震が発生していた。しかし大正関東地震以後は、一九三〇年の北伊豆地震の時に県西部では震度5を経験しているが、そのほかの地域では二〇一一年の東北地方太平洋沖地震まで震度5は経験せず、二〇一一年でも停電による信号機の故障から死者が出たが、震害（地震の揺れによる被害）は出ていない。震度6になると県全体でも九〇年以上も記録されていない。戦時中に戦災は受けたが、震災は無かったのだ。現在でこそ日本人の平均寿命は八〇歳を越えたが、関東大震災以後生まれた人は、平均寿命より長生きをしても生涯大地震を経験しなかった人は少なくないのだ。

これまでも関東地震の発生間隔は二〇〇年以上だったから、本章第4節で詳述した通り現在の私たちは、次の関東地震は心配しなくてよいと考えている。また発生が指摘された東海地震も、駿河トラフ沿いは一八五四年の東南海地震以来破壊されていないので、発生が近いとの論法であった。それは南海トラフ沿いの地震が過去には九〇～二六〇年程度と幅広い間隔で起きているうちの、最も短い期間の九〇年を重視しての議論であった。最大の二六〇年を考えれば、その発生は二二世紀になる可能性も否定はできないのだ。

南海トラフ沿い地震全般についても同様で、一九四四年の東南海、一九四六年の南海地震の発生から一九四五年を基準にとると、最短の九〇年ならば二一世紀の中頃、現在よりそれほど遠くない将来になるが、二六〇年を考えれば、その発生は二二世紀どころか二三世紀の可能性もあるのだ。発生間隔が九〇年でも、二六〇年でも、どちらも同じような重みで考えられる。社会への警告から「東海地震は近い」「大地震が切迫している」と主張する人も、その発生間隔が長くなることを否定する材料を持ってはいないはずだ。どちらも分からないから、防災の面から危険信号を発したのだろう。しかし地震発生を主張する人の予想に反し、幸いなことに地震は発生していない。「関東地震は近い」、「大地震が起こる」と発言したほうが世間の注目を集められるからだけの発信なのである。本当に地震災害を小さくしたいのなら、もう少し違った発信、発言の仕方があるはずだ。

今村明恒の生きた時代の南関東の地震活動と現在の南関東の地震活動の環境は大きな違いがあると云える。活動が活発な時代だった今村明恒は地震を予知したと世間から評価されたが、活動度の低い現在では、東海地震発生説や大地震切迫説を唱えた人たちは英雄になりそこねた。私はこれらの地震は少なくともまだ三〇～四〇年ぐらいは起こらないと推測しているので、おそらく彼らも自分の発した予知、予測の結果を見とどけることはないであろう。

また日本の地震予知研究計画を推進した和達、坪井、萩原も二〇世紀の間に鬼籍に入った。当初は一〇年で予知の目途をつけると云われていたが、目途がつくどころか、むしろ予知は困難・至難との結論が出ている。警報を発するはずの法律（大震法）も役目を果たすことなく方向転換を余儀なくさせられた。

予期していた地震はこの半世紀、一つも発生しなかったのである。

これまで述べてきたのは太平洋岸のプレート境界の地震、特にフィリピン海プレートが日本列島側に沈み込むことによって形成されている相模トラフ、駿河トラフ、南海トラフ沿いの地震についてがほとんどだった。そこでは過去に大地震が繰り返し発生しており、将来も必ず同じような地震が起こることがほぼ確実視されているからである。

では地震予知の目的の一つ、日本列島の内陸から日本海側にかけてのM7・5以上の地震についてはどうなっているのだろうか。予知という視点からは、それらの地震については全くの手つかずである。内陸から日本海側の地震も、はっきりと断層が現われた例がある。したがってその断層の活動周期が分かれば、次の地震の発生が予測されるはずだ。

しかし、実際には活断層とはいってもその活動周期は短くても数百年から千年、ほとんど千年以上である。国内最大の断層が出現した濃尾地震ですら、活動周期ははっきりしないので、次の地震がいつごろになるか、あるいは永遠に活動しないのかは分からない。

結局内陸の地震はその発生予測も困難だから、常に備えをしておいて欲しいというのが、自治体の本音である。

最近は地震の長期予測として「三〇年間に七〇％の確率で発生する」という言葉が流行しているようだ。その始まりは私の記憶では一九七〇年代ごろの神奈川県西部でほぼ南北に走る国府津―松田断層だった。神奈川県ではそれが「小田原地震説」に発展し大騒ぎになったが結局は三〇年どころか五〇年近くが経過しても、地震の発生に至っていない（一口メモ（一四）参照）。

日本列島の内陸から日本海側、あるいは九州の内陸地域に関しては、その発生する地震の予測は全くできないのである。

一九四六年の南海地震以後、今日まで七十数年間、日本列島内では十指に余る人々によって、いろいろな地震発生予測が出され、メディアを賑わせ、人々を不安に陥れたが、その予測が当たったことはなかった。「地震は起らなかった」のである。

一口メモ（二六）　テレビに出たかった出来事

地震や火山噴火が発生した時にテレビに出演する専門家の発言内容は的を射ていないことがあると「一口メモ（二〇）」でも指摘しておいた。本当にくだらないことを云う人がいるので話半分程度に聞いておくことを勧めたい。私自身、現役中に何回か出演依頼を受けた。職場が極地研究所だったので、極地に関係ある時は出演することがあったが、地震や火山関係の時には辞退していた。退官一年ぐらい前の事だったが、火山噴火に伴い、解説者がいないのでどうしても出て欲しいとの緊急依頼がきた。研究所の事務官の助言もありその時は出演した。定年退官をした後も時々出演依頼があり、都合がつくときには出ていた。そのうちにある局の番組司会者とは信頼関係が築かれ、大地震発生に際しても私が「危ない」「危険だ」というような発言をあまりしないことも理解してくれるようになった。その局にはその後も火山噴火や津波などでも出演していた。

七〜八年間は可能なときは出演依頼を受けていたが、現役の人の情報を流した方がよいと考え、なるべく他の人を推薦するようになり、私への依頼はほとんど無くなった。その後、二度ほど、私が日本で解説者として一番適していると自負する現象が起きた。

第一は二〇一一年一月二六日に起きた霧島火山・新燃岳の噴火である。私は東大の霧島火山観測所に四年間勤務し、毎日山を観察してきたし、地震活動も調べていた。私のあとに着任した人はすでに存命しておらず、現在は無人観測所になっているので、私は日本で（という事は世界で）自分が霧島を語れる最適任者と自負しているのだ。その時、テレビに出演した火山学者たちは新燃岳の噴火を解説するのに一様に、二〇世紀末の雲仙普賢岳の噴火の教訓から、火砕流の発生を心配していた。ところが新燃岳は山が深いので周囲には人家が無く、火砕流が発生しても実害がほとんどない。心配なのは大量に火山灰が噴出することだったが、それに言及する解説者はいなかった。第二の理由は私は四〇年前に「霧島山が（溶岩が流れ出するような）大噴火を起こすのは二一世紀になってから」と論文を書いていたので、溶岩流出の有無も大きな関心事だった。結果的には火口内は溶岩で埋まる明治以来の大噴火であったが、事実だけが報じられその意味するところを語る人はいなかった。

その一ヵ月後に起こったのがニュージーランド・クライストチャーチの地震だった。語学研修で訪れていた日本人学生も犠牲になり話題になった地震である。私はクライストチャーチが第二の故郷と云えるくらい、何回も仕事で行っていたので、その地震活動も十分理解していた。ニュージーランドへイギリスからの入植が始まった直後の約一〇〇年前にも、大きな地震があり市の名前になった大聖堂の尖塔の上部が折れている。そして市街一帯が液状化に見舞われていた。テレビに出演した現地を調査した人が、破壊された大聖堂を見て、また液状化を見てこれまでにない大発見をしたと話しているのを見ながら、その人の不勉強さを嘆いていた。地元のカンタベリー博物館に展示してある一〇〇年前の地震記録と地震被害の写真と同じことが起こっているだけなのだった。私ならもう少しましな解説をするなと思いながら見ていた。

9 究極の地震対策・抗震力

日本で地震科学の研究が始まり一三〇年以上が経過した。その間、地震発生を事前に予知して、地震災害を軽減しようという試みが続けられてきたが、今日に至るも実現していない。「大地震が起こる」と世間に発表し大騒ぎを起こした人は少なくないが、曲がりなりにも予想通り地震が発生したと云われているのは、今村明恒だけである。

日本列島内には至るところで大地震は必ず起き、太平洋沿岸では巨大地震も起こる。しかし、その時期は明日かもしれないし、三〇年、五〇年、一〇〇年あるいはそれ以上先かもしれない。本書を読み進んでくださった読者は十分に理解されているように、地震がいつ起こるかは明言できない。

地震研究者も防災の専門家と称する人たちも「地震に備えろ」「地震に注意しろ」と云うが、一般の人に「地震対策はこれだ」という具体的な内容はほとんど伝わらないようである。実際に地震対策は多岐わたり、一口では云いつくせない面がある。

メディアも「首都直下地震は三〇年間で七〇%の確率で発生」、「死者二万三千人が出て、日本は回復できない未曽有の大惨事になる」などと広報し、人々の不安をあおっている。被害を強調しないと一般国民は真剣に対応しないからだという考えが、その根底にあるらしい。しかし、危険を連呼する人たちは、地震がいつ起きるか分からない現実を、どのように解釈しているのだろうか。「地震に備えろ」と云われ、「備えた」としても、その備えを三〇年、五〇年と続けろというのだろうか。人間は地震に備える緊張を何十年も持ち続けることはできないだろう。

地震対策は国や地方自治体の行政の役割と個人の役割とを分けて考えるべきである。国や自治体はとにかく長期的視野で一歩ずつでも「地震に強い国造り、街造り」を進めることが基本である。地震災害だけで考えれば、避難所をどうするかなどはその次の問題なのだ。

個人の地震対策は大地震に遭遇したら自分はどのような行動をとるのがよいのか、それぞれがその対処法を考えるべきである。地震発生時、行政は個人を守ることはほとんどできない。とりあえずは個々人が自分自身で自分や家族を守れるよう対処せざるを得ないのが現実である。そしてその現実はいつの世でも同じである。

自分の生きているうちに必ず大地震に遭遇するなら、自分の住宅を十分な耐震構造にするというような、具体的対策も可能である。しかし、いくら高額な費用を使い耐震構造にしても三〇年、五〇年が経過すればその強度は当然落ちてしまい、地震対策にならない可能性も出てくる。高額な費用をかけ、どんなに立派な地震対策を施したとしても、地震が起こらなければ役には立たない、無用の長物なのだ。

一生のうちで遭遇するかどうか分からない大地震、しかし一方では「明日起こるかもしれない」と云われる大地震に対処するにはどうしたらよいのか。費用もかからず、誰にでも可能で、長続きする対策があるのかどうか。そこで私が究極の地震対策として提唱するのは表に示した

抗震力のスコア

（合計得点8点以上で「抗震力がある」と認定する）

	項　目		細　目	得点	採点
1	シミュレーション	A	・時々、時間・場所を選ばず「今地震が起こったら、どうするべきか」を考える機会を持っている。 （それによりイメージトレーニングがなされていく。）	1	
2	壊れても潰れない家	A	・戸建て住宅…定期的に耐震構造の検査をし、震度6〜7に耐えられる。 ・鉄筋コンクリートの集合住宅…耐震構造が確認されている。	1	
3	居間や寝室の安全確保	A	棚からの落下物、家具の転倒の心配はない。	1	
4	家屋の地盤	A	・家は、河川敷、田んぼ、沼などの跡や盛り土の上に建っていない。 ・付近に崖崩れ、山崩れの心配はない。	1	
5	その他の地震環境	A	不安定なものはない。 ※屋根からの落下物、庭の石燈籠など	1	
		B	家に火災の危険はない。 ※地震が発生すると自動的に消える都市ガスを使用している。 ※転倒すると消える石油ストーブを使っている。 ※感震センサーを備えている。　など	1	
		C	自宅周辺や通勤通学の道路の危険箇所は熟知しており、避難場所なども知っている。	1	
6	津波	A	・海浜にいる時…地震を感じたらすぐ近くの高いところに避難するつもりでいる。 ・海岸近くに住んでいる場合…どのような地震が起これば、津波襲来の可能性があるかを理解している。	1	
7	正しい地震の知識	A	・地震の仕組みを理解している。 ※地震の仕組み…地震波には縦波と横波があり、その伝わり方の違いから「緊急地震速報」が発せられる。 ・震度とマグニチュードの違いを理解している。	1	
		B	・地震は同じ場所で繰り返し起こることを理解している。 ※太平洋岸では100〜200年に一度、内陸から日本海側では数百年から1000年以上の間隔がある。 ・地域防災マップや全国地震動予測図などに目を通す。	1	
合　計　得　点				10	

「抗震力」である。各項目を個人個人でよく考えて欲しい。抗震力はM9シンドロームの処方箋でもある。

抗震力の目的は「大地震に遭遇したらとにかく生き延びる」ことである。東日本大震災の時、テレビカメラに向かって語った高齢に見える漁師の言葉が印象的だった。

「私は津波で家も、船も、漁具もみんな流されてしまった。しかし命だけは残った。津波は自然現象だから仕方がない。またやり直します」。

日本列島という地球上でも特に自然災害の多い地域に住みながら、日本人の祖先は自然を敬い従いながら今日の発展を成し遂げてきたのである。「命さえあれば道は開ける」、だから大地震への遭遇でも生き延びることを第一に目指すのだ。

大地震の発生で遭遇する数々の危険な出来事を知ることは重要である。できるだけその現実を記憶にとどめたうえで、抗震力を身につけて欲しい。

生き延びる為、地震に備えるための注意事項を一〇項目にまとめ、それを「抗震力」と名付けた。中には多少の地震の科学も入っている。相手を知るためには少しは、その相手（地震）がどんなものかも知っておいたほうがよいと考えたからだ。

世の中には「防災力」という言葉もある。防災力はどちらかと云えばある地域で地震に対してどんな備えをするか、被災後の諸々がうまくゆくように備える力のようだ。地震に遭遇した後、無事に生活できるようにする力である。

それに対し抗震力は個人個人が大地震に遭遇しても生き抜く力である。地震に遭遇した時命さえあれば、後は道が開ける。どんなに強い揺れでも無事に生き延びる術を身につけること、日頃から無理のない範囲で自分自身にその能力をつけておくことである。

地震対策は中地震に対しても大地震に対しても、巨大地震に対しても同じである。揺れに対してはとにかく震度7の揺れに備えることだ。自宅の壁に亀裂が入った、屋根瓦が落ちたなどの多少の被害があっても、家が潰れなければ、たとえ屋根をブルーシートで覆ってでも地震後も住み続けることはできるのだ。家の中には背の高い家具を置かないようにするとか、転倒防止をすることによって、家の中で命を落とすようなことも無くなる。

大地震に遭遇した時に自分自身が生き延びられる方法、それをまとめたのが抗震力なのだ。その中でも特に「シミュレーション」を重視している。ときどき、時間や場所を選ばず「今地震が起きたらどうするか」を考えるのである。その答えに正解はないであろう。しかし、その繰り返し、積み重ねが、いざという時に身を守る行動につながることが期待されると考えている。思考するだけで良いのだから費用もかからず、いつでもどこでも考えることだけはできる。そのいろいろな場面での思考トレーニングが、いざという時に役に立つのである。

一つの社会、あるいは一つの地域において、これで完全あるいは万全と考えられる抗震力を身につけるのは一朝一夕ではできないだろう。地震対策で「これが完全・万全」というものはないかもしれない。努力の継続であるレベルに達しても、時代とともに住環境、社会環境、全体としては地震環境が変わり、その要求されるハードルは高くなっているかもしれない。しかし繰り返し考えておくことが重要である。抗震力は「ゴールの無いマラソン」のように、日々一歩一歩高める努力が必要である。ただ考えるだけで良いのだから、家の中、街を歩きながら、映画鑑賞中、電車の中など、時と場所を選ばず気が付いたときに実践して欲しい。

防災グッズの準備、食料の備蓄もしたい人はすればよいが、抗震力としては特に推奨しない。シミュレーションの過程で必要と思われる事項が出てきたら、それに沿って自分が必要と考え、可能な準備をすればよいのだ。人から押し付けられた事項は長続きしない。

「避難所に行く」という行為一つをとっても、地震の場合と水害の場合では事情が異なることを理解しておくべきである。地震の場合はあくまでも地震が起こり震災が発生し自宅に住めないから、避難所に行くのである。もし自宅に住み続けられるなら、特に準備はしていなくとも一般家庭なら一〇日間ぐらいは何とか生きていられるくらいの食料はあるだろう。日常の必需品もそろっているだろう。電気や水道が止まっても、日頃から多少の備えをしておけば大過なく過ごせる。

水害の場合の避難所は、多くの場合、自宅が危ないので避難する場所なのだ。水害が起こる前に、起こるかもしれないのであらかじめ避難するという事になる。したがって水害の頻度は地震よりは高いので、予報が出たら避難準備を始める必要がある。同じ避難とはいっても地震の場合は災害が発生してから、水害の場合は災害が起こる前から避難する違いがあることを理解して、日頃から備えて欲しい。

抗震力のたった一枚の表は、各家庭の地震発生に際し、それぞれの家庭における「家族全員のお守り」と考えて欲しい。「地震へのお守り」である。例えば毎年元旦に一家で抗震力について話し合う、どこかで地震が発生したニュースに接したら家族で抗震力について話し合う。このように抗震力の表を使っていけば、自分の子供から孫へと抗震力が、世代を超えて伝わっていく。そして個々人の地震への対応力が向上してゆくのである。

抗震力は地震発生に際しての家族全員のお守りと考え、ときどき思い出し、地震に遭遇した場合の対応能力を高めていってほしい。自己採点で八点ぐらいを目標にして欲しい。

あとがき

日本の地震研究、特に市民生活に直結する「地震予知」を意識しながら、一四〇年の歴史を概観した。この本の執筆を決意した最大の動機は、現役の地震研究者たちが、地震学は知っていても、地震を知らない現実に直面したからである。東北地方太平洋沖地震で気象庁が最初に発表した「津波はたいしたことはない（一〇メートルの防潮堤は超えない程度）」という事実がその典型である。本文中にも書いたが、アナログ時代の気象庁だったら「三陸沖で大地震、即大津波の襲来警報」であった。

私自身、一三〇年の地震学史を振り返ると、「大地震の予知、予測」の面では、ほとんど進歩がないことに愕然とした。一〇〇年前に寺田寅彦が書き、六〇年前に読んだ警告が、現在でもすべて当てはまるのである。

本書では地震発生、予知の話を関東地震や南海トラフ沿いの地震に集中した。日本列島太平洋岸では巨大地震が繰り返し起こり、大災害がたびたび発生していることが、取り上げた理由の一つである。しかし他の地域の事は、ほとんど分からないことも事実である。

一生のうち、遭遇するかどうかも分からない地震への対策は個人でどれだけしたつもりでも、十分とは言えないし、せっかく震災対策を施した持ち家も時間とともに老朽化すれば、地震に襲われたときには役に立たなくなる。まったく地震に遭遇しないで一生を終わる人も少なくない。そんなことにお金を使うのは馬鹿らしい。抗震力は地震災害の知識を得たら、ほんの少し頭を使うことにより身に着くのだ。時間のある時是非考えて下さることを希望して、筆を置く。

使用した古い写真は地震研究所時代の同僚唐鎌郁夫氏から頂いた。中野信子氏からは岳父の撮影された大正関東地震の提供をいただいた。並記して御礼申し上げる。

青土社の菱沼達也氏は原稿を精査してくださり、多くの助言をいただき、私から新しい事項を引き出してくださった。出版を決めてくださった社長の清水一人氏ともども感謝申し上げる。

神沼克伊

二〇二〇年一月

著者　神沼克伊（かみぬま・かつただ）

1937年神奈川県生まれ。固体地球物理学が専門。国立極地研究所ならびに総合研究大学院大学名誉教授。東京大学大学院理学研究科修了（理学博士）後に東京大学地震研究所に入所し、地震や火山噴火予知の研究に携わる。1966年の第八次南極観測隊に参加。1974年より国立極地研究所に移り、南極研究に携わる。2度の越冬を含め南極へは15回赴く。南極には「カミヌマ」の名前がついた地名が2箇所ある。著書に『南極情報101』（岩波ジュニア新書、1983）、『南極の現場から』（新潮選書、1985）、『地球のなかをのぞく』（講談社現代新書、1988）、『極域科学への招待』（新潮選書、1996）、『地震学者の個人的な地震対策』（三五館、1999）、『地震の教室』（古今書院、2003）、『地球環境を映す鏡　南極の科学』（講談社ブルーバックス、2009）、『みんなが知りたい南極・北極の疑問50』（サイエンス・アイ新書、2010）、『次の超巨大地震はどこか？』（サイエンス・アイ新書、2011）、『次の首都圏巨大地震を読み解く　M9シンドロームのクスリとは？』（三五館、2013）、『白い大陸への挑戦　日本南極観測隊の60年』（現代書館、2015）、『南極の火山エレバスに魅せられて』（現代書館、2019）など多数。

あしたの地震学
日本地震学の歴史から「抗震力」へ

2020年3月20日　第1刷印刷
2020年3月30日　第1刷発行

著者――神沼克伊
発行人――清水一人
発行所――青土社

〒101-0051　東京都千代田区神田神保町1-29　市瀬ビル
［電話］03-3291-9831（編集）　03-3294-7829（営業）
［振替］00190-7-192955

印刷・製本――シナノ印刷

装幀――水戸部功

ISBN978-4-7917-7259-9 C0040